Clara Brundyn, Elfi Blume

all about smoking

Das Rauchen verstehen…
…und einfach damit aufhören

www.tredition.de

© 2015 Clara Brundyn, Elfi Blume

Verlag: tredition GmbH, Hamburg

ISBN
Paperback: 978-3-7323-3609-8
Hardcover: 978-3-7323-3610-4
e-Book: 978-3-7323-3611-1

Printed in Germany

ES GIBT FÜR UNS KEINEN RAUCHER, VON DEM WIR ANNEHMEN, ES SEI FÜR IHN NICHT MÖGLICH WIEDER FREI ZU SEIN!

Davon sind wir überzeugt!

Clara Brundyn und Elfi Blume

Inhaltsverzeichnis

**Vorwort**

Das vorliegende Buch stellt eine Zusammenfassung unserer Erfahrungen als Nichtrauchertrainer dar, die wir im Laufe von siebzehn Jahren in unseren Seminaren sammeln konnten. Nach wie vor bereitet es uns große Freude Rauchern dabei zu helfen, die Zigaretten endgültig loszuwerden. Da sich der Zeitgeist in Bezug auf das Rauchen stetig ändert, mussten wir unsere Herangehensweise auch den neuen Glaubensschwerpunkten von Rauchern immer wieder anpassen. Im Lauf der Jahre kam so eine Fülle an bildhaften Beispielen zustande, die es einer immer größer werdenden Bandbreite von Rauchern ermöglicht, die Nikotinfalle umfassend zu begreifen. Die wichtigsten haben wir in diesem Buch zusammengefasst und uns bemüht, sie in einen logischen Kontext zu stellen.

„all about smoking…alles über das Rauchen" ist in erster Linie für Raucher geschrieben, die den Wunsch haben mit dem Rauchen aufzuhören. Unsere Bemühungen zielen darauf ab einen Raucher aus seinen Gedanken- und Gefühlsstrukturen herauszuhelfen, die ihn in seinen Verhaltensmustern gefangen halten. Sollten Sie als Nichtraucher dieses Buch lesen, wäre es daher wichtig zu versuchen, sich in die Gefühlslage von Rauchern hineinzuversetzen, damit die Erklärungen für Sie auch Sinn ergeben. Sollten Sie Raucher sein, ist es wichtig, den Inhalt des Buches auch zu reflektieren. Sorgen Sie für eine ruhige Atmosphäre und lesen Sie ruhig das ein oder andere Beispiel noch einmal, wenn Sie das Gefühl haben, die Kernaussage nicht richtig verstanden zu haben.

Viel Spaß beim Lesen wünschen Ihnen:

Clara Brundyn und Elfi Blume.

<u>**Einleitung**</u>

Trotz der in den letzten Jahren zunehmenden Tendenz das Rauchen aus dem gesellschaftlichen Leben zu verdrängen, ist der Tabakkonsum nach wie vor ein weit verbreitetes Laster, das viele Menschen mit ihrem Leben bezahlen. Die WHO schätzt, dass weltweit jedes Jahr um die 6 Millionen Menschen an den Folgen ihres Tabakkonsums sterben, Tendenz steigend. Damit stellt die Nikotinsucht die weltweit größte vermeidbare Todesursache dar.

Es hat in jüngerer Zeit viele Veränderungen in Bezug auf das Rauchen gegeben, die zeigen, dass ein Umdenken in der Gesellschaft stattfindet. Dazu gehören die zahlreichen Rauchverbote und die immer größer werdenden Gesundheitswarnungen auf den Zigarettenschachteln, die zunehmende Verbreitung des Shisha-Rauchens und der unübersehbar deutlich angestiegene Umsatz von E-Zigaretten. Erwähnenswert sind ebenfalls die mittlerweile zahlreichen Therapiemöglichkeiten, die Rauchern dabei helfen sollen von ihrer Sucht loszukommen.

Eine dieser Methoden soll im Folgenden genau dargestellt werden. Dabei handelt es sich um eine Herangehensweise, die völlig ohne materielle Hilfsmittel wie Tabletten, Nikotinersatzpräparaten, Akkupunkturnadeln oder Ähnlichem auskommt. Diese Vorgehensweise beruht lediglich auf der Vermittlung von nützlichen Informationen und Fakten in Bezug auf die Nikotinfalle, die es dem Raucher ermöglichen sollen zu erkennen, wie man ohne Schwierigkeiten mit dem Rauchen aufhört.

Unsere Überzeugung, dass dies für jeden Raucher funktionieren kann, basiert auf zwei Säulen: zum einen auf unserer eigenen Rauchergeschichte. Wir sind selbst jahrzehntelang Raucher gewesen und durften nach immer wieder gescheiterten Versuchen erleben, wie leicht man tatsächlich diesem Teufelskreis entkommen kann. Und zum anderen auf unserer praktischen Erfahrung aus mittlerweile über 2000 gehaltenen Nichtraucherseminaren. Da wir immer wieder von Teilnehmern gefragt werden, ob es möglich wäre die Kursinhalte in schriftlicher Form zu erwerben, haben wir uns dazu entschlossen diesem Wunsch nun nachzukommen.

Das Lesen dieses Buches soll in erster Linie Spaß machen. Rauchen ist ein Thema, das allzu oft mit einem überaus großen Ernst behandelt wird. Diese Ernsthaftigkeit ist natürlich auch bis zu einem gewissen Grad angebracht, doch für das **Verstehen** der Nikotinfalle ist sie nicht relevant.

Wenn Sie dieses Buch mit der klaren Absicht lesen das Rauchen aufzugeben, haben Sie sich ohnehin mit ziemlicher Sicherheit schon genug ernsthafte Gedanken um das Rauchen gemacht. Daher können wir Ihnen versichern, dass die ganzen Fakten um die gesundheitlichen und finanziellen Folgen des Rauchens kaum eine Rolle spielen werden, höchstens um zu erklären, **warum** dieses Wissen beim Aufhören so gut wie nutzlos ist.

Wir möchten Ihnen ein umfassendes Verständnis der Falle vermitteln, in der Sie sich als Raucher befinden. Lassen Sie alles beiseite, was Sie über das Rauchen und über das Rauchen-Aufhören zu wissen glauben und nehmen Sie die Informationen in diesem Buch möglichst unvoreingenommen auf. Sollten wir Sie nicht überzeugen, können Sie wieder auf Ihr altes Wissen zurückgreifen.

Die Nikotinfalle ist ein äußerst raffinierter Mechanismus, der schwerlich von den Betroffenen selbst durchschaut werden kann. Wir bedienen uns daher verschiedener Beispiele, um dem Raucher eine Distanz zwischen sich selbst und seinen durch das Nikotin manipulierten Gedanken und Gefühlen zu ermöglichen. Wir wissen aus Erfahrung, dass nicht jeder Raucher mit jedem dieser Beispiele sofort einverstanden ist. Hilfreich ist, wenn Sie beim Lesen des Buches immer im Auge behalten, dass wir darauf abzielen durch einen bestimmten Vergleich **einen** bestimmten Aspekt des Rauchens zu beschreiben und nicht das Rauchen als Ganzes.

Sollten Sie im Moment noch rauchen ist das völlig in Ordnung. Rauchen Sie Ihre letzte Zigarette aber erst **nachdem** Sie alles gelesen haben und sich innerlich bereit fühlen. Sollten Sie in einem unserer Kurse gewesen sein und dieses Buch lesen, um sich von dem eventuell noch bestehenden Verlangen nach einer Zigarette zu befreien, dann rauchen sie nicht, sofern Sie seit dem Kurs rauchfrei sind. Sie werden erleben, dass mit zunehmendem Verständnis der Nikotinfalle das Verlangen zu rauchen sich immer mehr in Luft auflöst.

1. <u>Abhängigkeit</u>

Wenn ein Raucher sich fest vorgenommen hat, das Rauchen zu beenden, macht er in der Regel folgenden Prozess durch: war man
die ganze Zeit davon überzeugt aufhören zu können, wenn es wirklich darauf ankommt, merkt man nun, dass etwas nicht stimmt.
Man hat einige Jahre des Rauchens hinter sich, sich dabei nicht
allzu viele Gedanken um die Folgen für die eigene Gesundheit und
den Geldbeutel gemacht und irgendein Ereignis führte zu dem
Entschluss, es nun sein zu lassen – z.B. bestimmtes Alter, Schwan-
gerschaft, Krankheit, Zigarettenpreiserhöhung, zu viel auf einer
Party geraucht, etc.

Tatsächlich ist es bei vielen Rauchern zunächst so, dass sie bei
ihrem allerersten Versuch verwundert darüber sind, wie relativ un-
problematisch es ist aufzuhören. Dadurch fühlt man sich bestätigt,
dass man die ganze Zeit über als Raucher Recht hatte mit der
Annahme, dass das Rauchen-Aufhören eben kein allzu großes
Problem ist, **wenn man denn wirklich will.** Zu einem späteren
Zeitpunkt fangen viele Ex-Raucher aber ironischerweise genau
deshalb wieder an. Denn dass man jederzeit aufhören kann, weiß
man ja jetzt. Was soll schon passieren, wenn man *„nur eine"*
raucht? Bei dieser *„nur eine"*- Zigarette bleibt es nicht, es werden
zügig mehr, und meistens vergeht eine gewisse Zeit, bevor es zu
einem erneuten Versuch kommt, der sich bereits darin vom ersten
unterscheidet, dass er häufiger nach hinten verschoben wird.
Irgendwann muss man sich beweisen, dass man alles unter Kontrolle hat, man hört auf...für eine gewisse Zeit...und fängt dann
später doch wieder an.

Was man als Raucher leider oft viel zu spät begreift: dieser
Prozess ist darauf angelegt, sich ein Leben lang zu wiederholen.
Egal, ob der Raucher eine Krebsdiagnose bekommt, ein Raucher-
bein hat oder vielleicht überhaupt keinen nennenswerten gesundheitlichen Nachteil durch das Rauchen, viele schaffen den Ab-

sprung nicht und sterben als Raucher, obwohl sie fest daran geglaubt haben sie würden irgendwann aufhören. Es gibt tatsächlich Raucher, die Ihnen erzählen, sie hätten mit dem Rauchen schon mehrmals aufgehört - immer erfolgreich - und während sie Ihnen das erzählen, rauchen sie eine Zigarette oder in letzter Zeit immer beliebter: eine E-Zigarette.

Um ein Ziel zu erreichen müssen zwei Dinge geklärt sein: erstens wo man steht, und zweitens wo man hin will. So einfach das in diesem Moment klingt, erliegen die allermeisten Raucher bereits hier einer Illusion. Wenigen Rauchern ist wirklich bewusst wo sie stehen und wo es genau hingeht. Sie sind sich auch meist nicht im Klaren darüber, was sie eigentlich erreichen wollen bei dem Vorhaben mit dem Rauchen aufzuhören. Die meisten Raucher würden das Rauchen nämlich lieber kontrollieren können, als ganz damit aufhören zu müssen. Nur zu bestimmten Gelegenheiten rauchen zu können und nicht mehr jeden Tag rauchen zu müssen, das wär´s.
    Und daher löst die Vorstellung **nie wieder rauchen zu dürfen** in keinem Raucher das Gefühl von Freude aus. Tatsächlich wird er sogar unbewusst einige Anstrengungen auf sich nehmen um das Erreichen dieses Zieles zu boykottieren. Die bewusst erlebte Erfahrung, die der Raucher infolgedessen macht, ist entweder ein Zustand deprimierter Verwirrung oder pseudopositiver Verdrängung.

Im Kern der Verwirrung herrschen Angst und Sorge. Die Angst, dass man etwas opfern muss, dass man etwas verlieren wird oder dass man durch eine schreckliche Zeit muss, bevor man sagen kann, dass man es geschafft hat. Die Sorge, dass man vielleicht zunimmt oder keine Freude mehr empfindet und letzten Endes trotz aller Bemühungen vielleicht doch scheitert, weil es eben - wie jedermann weiß - fast unmöglich ist, sich von dem Verlangen nach einer Zigarette dauerhaft zu befreien.

Diese beklemmenden Gefühle haben erstaunlich viel Macht. Noch erstaunlicher ist, dass der Raucher die ersten Jahre davon kaum etwas wahrnimmt. Der Grund dafür ist, dass diese Ängste blitzschnell in die „Später"- Gedankengänge verlegt werden:
„Ich werde aufhören, ganz sicher, allerdings nicht jetzt, weil - (unterschiedlichste Gründe wie private Probleme oder Stress) - später werde ich es ganz sicher schaffen!"

Solange Raucher daran glauben, dass sie „später" aufhören werden, spüren sie diese Ängste nicht. Erst mit dem Realisieren, dass dieses „später" nicht kommt, wird Rauchern die Angst als elementarer Kern des Rauchens zunehmend bewusst. Wird aus dem „später" ein „jetzt", z.B. wenn die Zigarettenschachtel unerwartet schnell leer ist, geraten viele Raucher sogar direkt in einen panikartigen Zustand.

Um also wirklich erfolgreich mit dem Rauchen Schluss zu machen, ist es daher wichtig die eigene Situation zunächst zu verstehen. Erst dann sind Sie in der Lage das klare Ziel anzupeilen:

Mit absoluter Sicherheit zu wissen, dass Sie nie wieder rauchen werden und sich aufrichtig darüber zu freuen!

Beginnen wir mit dem Phänomen, dass die meisten Raucher ihre Abhängigkeit erstaunlich spät realisieren. Woran genau liegt das eigentlich? Es könnte, wie allgemein angenommen wird, daran liegen, dass sich eine Abhängigkeit schleichend entwickelt, also vom Betroffenen unbemerkt. Das beantwortet die Frage aber noch nicht vollständig. Es bliebe noch zu klären, warum eigentlich kein Raucher in der Lage ist, die Entwicklung dieser Abhängigkeit bewusst zu verfolgen, denn Außenstehenden, wie z.B. den Freunden oder dem Partner, gelingt das meist sehr schnell. Fest steht allerdings auch, dass kein Raucher mit der allerersten Zigarette, die er geraucht hat, gleich abhängig war. Also muss an der Theorie von der Entwicklung einer Abhängigkeit zwangsläufig etwas dran sein. Sollte diese Theorie zutreffen, dann folgt daraus, dass es Raucher gibt, die ihren Konsum unter Kontrolle haben und solche, die ihn verloren haben.

Bleiben wir zunächst bei der Ich-habe-das-Rauchen-unter-Kontrolle-Gruppe. Warum rauchen diese Personen? Natürlich deshalb, weil sie den ein oder anderen Aspekt des Rauchens genießen, sei es der Geschmack, das Gefühl der Geselligkeit oder das der Entspannung.

Die zweite Gruppe genießt zwar ebenfalls so manche Zigarette, es kommt jedoch auch ein gewisser Zwang mit ins Spiel. Die Erfahrung dieses Zwanges wird landläufig Abhängigkeit oder auch Sucht genannt. Verantwortlich für diesen Zustand der Abhängigkeit wird entweder der Körper, die Droge, das Suchtgedächtnis oder das Unterbewusstsein gemacht, wobei die Glaubensschwerpunkte von Raucher zu Raucher und von Experte zu Experte variieren.

Wenn Sie diese Sichtweise für zutreffend halten, haben Sie tatsächlich nur eine geringe Chance dauerhaft Nichtraucher zu werden. Sie haben gar keine Chance **glücklicher** Nichtraucher zu werden. Denn die oben beschriebene, zugegebenermaßen grob vereinfacht dargestellte Theorie, basiert in ihrem Kern auf einem gewaltigen Irrtum.

Damit auch Sie in die Lage kommen, diesen Irrtum selbst zu durchschauen, bedarf es vorher einiger Vorbereitungen und Ihrer **unvoreingenommenen** Vorstellungskraft.

2. <u>Aufklärung</u>

Lassen Sie uns zunächst den gesellschaftlichen Hintergrund des Rauchens beleuchten. Als Sie aufgewachsen sind, war der Tabakkonsum ein ganz selbstverständlicher Teil unserer westlichen Kultur. Er mag auch eine ganz selbstverständliche Tätigkeit in ihrer unmittelbaren Umgebung gewesen sein, vielleicht waren Ihre eigenen Eltern sogar Raucher.

Ein nicht zu unterschätzender Teil der Problemkonstellation Rauchen besteht in dieser Sozialisation. Dabei könnte man durchaus von einer Art manipulativer Umerziehung sprechen, die schon bei den Kleinsten, teils unbewusst, teils bewusst vorangetrieben wurde und immer noch wird. Umerziehung nennen wir es deshalb, weil wir davon ausgehen, dass jedes Kind eine natürliche, instinktive Abneigung gegen Rauch (egal, aus welcher Quelle er nun stammt) verspürt. Süßigkeiten in Zigarettenform, Comics wie Lucky Luke oder Leinwandidole wie John Wayne tragen ihren Teil dazu bei, das Rauchen als einen völlig natürlichen und normalen Zeitvertreib wahrzunehmen, oder anders ausgedrückt: das Gefühl Rauch in die Lunge zu ziehen als unnatürlich und komisch wahrzunehmen rückt bei den meisten Menschen schon in jungen Jahren in den Hintergrund. Helden unserer Gesellschaft wie Helmut Schmidt oder Johnny Depp vermitteln selbstbewusst die Botschaft, aus eigenem Entschluss Raucher geworden zu sein.

Unter Gehirnwäsche versteht man laut Wörterbuch eine permanente Einwirkung falscher Informationen, die schließlich zu einer Einstellungsänderung führen, also geglaubt werden.

So drastisch wir das Wort Gehirnwäsche auch empfinden, weil es generell mit Diktaturen in Verbindung gebracht wird, die Definition laut Wörterbuch ist tatsächlich auch auf eine so harmlose Geschichte wie die vom Weihnachtsmann übertragbar. Die Einstellung vieler Eltern hat sich diesbezüglich mittlerweile geändert, viele sehen keinen Sinn mehr darin, ihre Kinder in dieser Sache anzulügen. Doch vor noch gar nicht allzu langer Zeit, und vermutlich gehören Sie zu dieser Generation, hat man nicht davor zurückgeschreckt, die absurdesten Geschichten rund um das weihnachtliche Fest zu erzählen. Viele Kinder sind beim Besuch vom Nikolaus aus Angst in Tränen ausgebrochen.

Dieses Beispiel soll verdeutlichen, wie leicht vor allem Kinder zu manipulieren sind. Sie glauben so gut wie alles, was ihnen die Erwachsenen erzählen und sie nehmen auch unbewusst die Verhaltensweisen der Erwachsenen auf. Fast jeder Raucher hat in seiner Kindheit z.B. diese Kaugummi-Zigaretten „geraucht" und damit Erwachsensein gespielt. Wäre es denkbar, dass z.B. Traubenzucker als Kokainimitat an Kinder verkauft werden könnte? Ganz sicher nicht, aber warum? Weil Kokain so viel schlimmer ist als das Rauchen? Das ist sicher ein Argument, allerdings würde uns bei diesem Beispiel auch ganz klar vor Augen stehen, dass bei einem Kind, das Kokainkonsument spielt, die Wahrscheinlichkeit echtes Kokain zu sich zu nehmen deutlich zunehmen würde, wenn es irgendwann einmal erwachsen ist und die Gelegenheit dazu haben sollte.

Beim Rauchen ist es ähnlich wie bei den Geschichten mit dem Weihnachtsmann, außer dass man hier zwischen erzählten und vorgelebten Informationen unterscheiden muss. Erzählt hat man Ihnen, dass Rauchen ungesund und teuer ist, dass man am besten niemals damit anfängt, usw. Das entspricht natürlich der Wahrheit. Vorgelebt hat man allerdings etwas ganz anderes, und für das Unterbewusstsein, das in ganz besonderem Maße in der Phase des Erwachsenwerdens Informationen aus seiner Umwelt aufnimmt, bewertet und abspeichert, ist die **Masse** der Informationen entscheidend, weniger der Inhalt. Diktatoren wissen das, deshalb hängt ihr Bild in jedem Wohn- und Schulzimmer. Vor allem durch Film und Fernsehen wird immer wieder der Eindruck vermittelt, Rauchen sei eine Form von Genuss, man mache es freiwillig und es verleihe einen Hauch von Männlichkeit oder Emanzipation.

Diese unbewusst ständig auf die Kinderpsyche einrieselnden, **falschen** Informationen lassen zwar bei keinem Menschen den konkreten Wunsch entstehen, Raucher zu werden. Sie tragen aber dazu bei, dass das Rauchen als deutlich harmloser empfunden wird als es ist. Kokain und Heroin empfinden wir als äußerst gefährliche Substanzen. Dabei sterben an Heroin kaum 1000 Menschen pro Jahr, an Nikotin sterben allein in Deutschland 2600 Menschen pro Woche! Es ist naheliegend anzunehmen, dass diese vorgelebte „Harmlosigkeit" des Rauchens einen großen Anteil an diesen Todeszahlen hat.

Sich darüber bewusst zu werden, wie tiefgreifend die Umwelt uns in vielerlei Hinsicht prägt, ist noch nie einfach gewesen. Hier kann es von Nutzen sein, sich mit der menschlichen Geschichte ein bisschen zu beschäftigen. Bevor wir das tun, möchten wir eines völlig klarstellen: Sie sind nicht aufgrund der Gesellschaft zu einem Raucher geworden, sonst wäre fast jedes Mitglied der Gesellschaft Raucher. Aber die Beschäftigung mit dem sozialen Kontext ist ein unabdingbares Element um jenes Verständnis über das Rauchen zu entwickeln, das unserer Meinung nach nötig ist um den Wirkmechanismus der Nikotinfalle umfassend zu begreifen.

Frühere Problemkonstellationen der Menschheitsgeschichte zu analysieren hat den Vorteil, dass wir dies zwangsläufig mit einer gewissen Distanz tun, die aufgrund der zeitlichen Entfernung entstanden ist. Diese Distanz wiederum ist aber auch oft der Grund dafür, warum wir heute so manches menschliche Dilemma nur noch schwierig nachvollziehen können. Nach reiflicher Überlegung haben wir ein Beispiel ausgesucht, das unserer Meinung nach bestens dazu geeignet ist, die Verwicklung und Abhängigkeit eines jeden einzelnen Bürgers von seiner ihn umgebenden Umwelt deutlich zu machen: den Ablasshandel.

Nun könnte es sein, dass Sie den Ablasshandel einfach als lächerlich abtun. Das ist Ihnen aber nur aufgrund der zeitlichen Distanz möglich, die Sie dazu haben. Wenn wir versuchen uns in die damalige Zeit hineinzuversetzen, ohne die Menschen von damals vorschnell als dumm oder leichtfertig zu verurteilen, dann kann man aus dieser Geschichte viele nützliche Schlüsse ziehen. Umreißen wir kurz die wichtigsten Eckpunkte, die zum Ablasshandel gehört haben:

Ein Großteil der Menschen konnte damals weder lesen noch schreiben. Man ging gehorsam sonntags in die Kirche, aber die Messen wurden auf Latein gehalten, so dass die normalen Bürger den Inhalt gar nicht verstehen konnten. Gott stellte man sich als einen strengen Vater vor, der außerhalb unserer Welt existiert und Gebote erlässt, damit der sündige Mensch nach seinem Tod, vorausgesetzt er hält die Gebote auch ein, das ewige Leben erhalten kann. Dann gab es noch den Teufel, der alles Mögliche unternimmt, damit der Mensch bei diesem Vorhaben scheitert. Somit war die Angst vor der Hölle und vor dem Teufel der Motor, um die Menschen dazu zu bringen Gottes Gebote einzuhalten. Es ist wohl wichtig sich klar zu machen, dass nicht irgendein Einzelner oder eine Gruppe Einzelner sich diese Geschichten bewusst ausgedacht haben, um die Bevölkerung zu versklaven. Sie spiegeln eher die kollektiven Annahmen über Gott und den Teufel wider, die jedoch primär durch die Kirche geprägt wurden. Einigen Mitgliedern der Kirche muss jedoch völlig klar gewesen sein, wie viel Menschen in ihrer Verzweiflung bereit sind für ihre Erlösung tatsächlich zu tun und schreckten nicht davor zurück, diese Unwissenheit der Masse aus reinen Profitgründen auch auszunutzen.

Da Geistliche einen „direkten Zugang" zu Gott hatten, lag es also nahe, für das Heil der Verstorbenen zu beten, damit diese das ewige Leben erhalten konnten. Das kostete jedoch Zeit – und dementsprechend auch Geld. Man wollte große, beeindruckende Kirchen bauen (die wir natürlich auch heute noch bewundern). Dann kam wohl die Idee auf mit dem Ablass. Man ging davon aus, dass wenn ein Mensch gestorben war, er zunächst in einem Zwischenstadium landete, dem Fegefeuer. Wo es danach hinging, ob in die Hölle oder den Himmel, war von ausgewählten Personen beeinflussbar. Also verkaufte die katholische Kirche damals den Ablassbrief und lies sich so ihren guten Draht zu Gott bezahlen. Diese Tat hilft ja allen. Die Kirche bekommt Geld, der Verstorbene kommt vielleicht doch noch in den Himmel, und die Hinterbliebenen haben das gute Gefühl alles in ihrer Macht stehende getan zu haben, damit es der geliebten, verstorbenen Person gut geht.

Durch den Glauben eines Großteils der damaligen Bevölkerung bekamen die Geschichten über Gott und den Teufel eine eigene Realität. In diesem Buch soll unter dem Begriff der *Realität* die Summe der Überzeugungen von Menschen verstanden werden, die an bestimmte Informationen glauben. Damit wollen wir deutlich machen, dass wir hier nicht den Anspruch erheben über die **wirkliche** Realität Bescheid zu wissen. Wir wollen allerdings betonen, dass Menschen grundsätzlich dann etwas als wirklich wahr zu sein scheint, wenn ein Großteil der sie umgebenden Gesellschaft daran glaubt. Und der Teufel war eine absolut gefühlte und gefürchtete Realität der damaligen Zeit. Selbst Luther soll ihn in seinem Kämmerchen gesehen haben. Nun wissen wir überhaupt nicht, ob es ein Wesen wie den Teufel gibt oder nicht. Fakt ist jedoch: wir glauben nicht mehr daran (zumindest die meisten), und das ist der eigentliche Grund, warum er aus unserer Alltagserfahrung auch so ziemlich verschwunden ist.

Die Angst, die mit diesen Glaubensinhalten verbunden war, kann natürlich mit etwas Fantasie gut nachvollzogen werden. Stellen Sie sich vor, Ihre geliebte Ehefrau (oder -mann) ist gestorben und Ihnen fehlt leider das Geld für einen solchen Ablassbrief. Können Sie sich die Schuld, das schlechte Gefühl vorstellen, das Sie haben würden? Diese emotionale Schuld könnte sie so lange plagen, bis Sie es schaffen das Geld irgendwie, z.B. durch das Aufnehmen von Schulden, zusammenzukratzen. Damit hätten Sie zwar Schulden, aber auch das Gefühl der Erleichterung das Beste für Ihren Ehepartner getan zu haben. Vielleicht kam die

Kirche Ihnen sogar entgegen und hat eine Ermäßigung auf den Ablassbrief gewährt. Dafür wären Sie natürlich überaus dankbar gewesen.

Luther war der erste, der öffentlich diese Geldbeschaffungsmaßnahme der katholischen Kirche anprangerte. Dafür wurde ihm mit der Todesstrafe gedroht und er war zeitweise vogelfrei. Heute nehmen wir ihn als einen Helden wahr, als einen der großen Architekten der Aufklärung, dem Vorhaben Menschen aus ihrer Unwissenheit und der damit verbundenen Sklaverei zu befreien.

Was genau hat das jetzt mit dem Rauchen zu tun? Tatsächlich gibt es ein paar verblüffende Ähnlichkeiten, die wir kurz erläutern wollen. Bevor wir das tun, möchten wir ganz klar betonen, dass dieses Beispiel nur dabei helfen soll, das Rauchen aus einem anderen Blickwinkel zu betrachten, als das die meisten Menschen in der heutigen Gesellschaft tun. Es geht nicht darum irgendwelche Personen oder Institutionen anzuprangern, und schon gar nicht den Raucher.

Beginnen wir mit der Informationskontrolle. Der Mensch des Mittelalters war bei Religionsfragen völlig auf die Informationen der Kirche angewiesen. Aus diesem Grund war es möglich zahlreiche Fantasiegeschichten in Umlauf zu bringen, von denen ein Großteil angsteinflößend war, und Angst macht Menschen gefügig.

Ganz ähnlich ist es in unserer Zeit mit dem Thema Rauchen. Heute glauben die meisten Menschen fest daran, dass bei der Nikotinabhängigkeit ein Experte helfen könnte, z.B. ein Arzt, Psychologe oder Psychiater. Um ein solcher Experte zu werden, muss man viele Jahre lang studieren und forschen. Man geht davon aus, dass die Prozesse, die zur Entwicklung der Nikotinsucht beitragen, äußerst vielfältig und komplex sind. Zum einen gibt es da die ultrakleinen Prozesse im Gehirn, die dann so etwas wie das Suchtgedächtnis entwickeln, das nie mehr gelöscht werden kann.

Synapsen, Andockstellen, Botenstoffausschüttung und Rezeptoren, kaum ein Mensch ist in der Lage da durchzublicken. Es gibt die Theorie, dass die Weichen für eine Sucht bereits im Kindesalter gelegt werden (z.B. durch drogenbhängige Eltern und/oder anderen traumatischen Erfahrungen). Völlig verwirrend wird es, wenn die Gene mit einbezogen werden, denn sollte tatsächlich die Möglichkeit bestehen, dass Ihre Sucht genetisch veranlagt ist, dann haben Sie leider niemals eine realistische Chance auf vollständige Heilung.

Man muss jetzt auch gar nicht alle gängigen Theorien beleuchten, es reicht wenn man feststellt, dass sie alle eines gemeinsam haben: ohne fremde Hilfe eines Experten oder eines Hilfsmittels hat der Raucher so gut wie keine Chance auf Erfolg, und ohne immense eigene Anstrengung überhaupt gar keine.

Wer ist nun in der Lage dieses Wissen anzuzweifeln? Wenn Sie anfangen, sich kritisch mit diesen Theorien zu beschäftigen, dann wird Ihnen auffallen, dass sie sich sehr oft widersprechen. Nehmen wir einfach die oft empfohlene Methode der Nikotinersatztherapie. Das Wort an sich ist schon ein Widerspruch, da Nikotin überhaupt nicht ersetzt wird, sondern man verändert einfach die Darreichungsform. Das mag zwar verhaltenspsychologisch von Nutzen sein, aber biochemisch macht das überhaupt keinen Unterschied.

Gut, an der Stelle wollen wir zugeben, dass jeder Raucher unterschiedlich ist, und was dem einen hilft, kann für den anderen völlig unbrauchbar sein. Verschiede Menschen, verschiedene Raucher, verschiedene Methoden. Daraus folgt die schier unermessliche Fülle an Büchern, die sich mit diesem komplexen Thema beschäftigt und natürlich auch die recht große Verwirrung, in der sich die meisten Raucher befinden, ganz zu schweigen von der Angst vielleicht zu denen zu gehören, die es niemals wirklich schaffen können komplett vom Rauchen loszukommen. Schließlich gilt auch unter Experten die zwar nicht häufig laut geäußerte aber von vielen verinnerlichte Einstellung, dass es in manchen Fällen gar nicht möglich ist, die Abhängigkeit von Nikotin wirklich zu überwinden.

Nun finden Sie es vermutlich sehr vermessen, die schreckliche Situation der Nikotinabhängigkeit mit dem Ablasshandel in Verbindung zu bringen, einem der größten Schwindel in der Menschheitsgeschichte. Und doch könnte es ganz spannend sein, sich zu fragen, wem diese ganzen Theorien eigentlich finanziell nützen.

Ihnen als Raucher nämlich gar nicht. Sehr viel Geld fließt hingegen in die Hände der Experten mit ihren Instituten, viel Geld müssen Sie hinlegen beim Apotheker für egal welches Mittelchen (die ja nie von der Krankenkasse übernommen werden), die Tabaksteuer, die Tabakindustrie, die Filmindustrie mit ihrer immensen Schleichwerbung, sie alle verdienen ungeheuerlich viel Geld bei diesem Geschäft. Nur der Raucher steht allein da mit dem Verlust nicht nur seines Geldes, sondern darüber hinaus mit dem Verlust an Lebenslänge, Lebensqualität und Selbstachtung, und nicht zu vergessen: **dem Verlust seiner Freiheit!**

Ohne sich im Einzelnen mit den ganzen Theorien zu beschäftigen und sie unter die Lupe zu nehmen, wollen wir hier genau eines hervorheben: sie basieren alle auf der festen Überzeugung, **dass es schwierig sei mit dem Rauchen aufzuhören.** Bei diesem Glauben, so fest verwurzelt er auch sein mag, handelt es sich in Wahrheit um einen gewaltigen Irrtum! Das Problem ist, dass dieser Glaube als absolut bewiesenes, wissenschaftliches Wissen dargestellt wird. Der Großteil der Gesellschaft glaubt überzeugt daran, und das ist der Hauptgrund dafür, warum dieses „Wissen" heute so wahr zu sein scheint wie der Teufel den Menschen im Mittelalter real vorkam.

Nun stehen wir an einer etwas absurden Stelle. Sie lesen dieses Buch, weil es Ihnen bisher nicht aus eigener Kraft gelungen ist, mit dem Rauchen aufzuhören. Ist das nicht der Beweis dafür, dass es schwierig sein muss? Wenn es einfach wäre mit dem Rauchen aufzuhören, bräuchten Sie dann Hilfe? Zum Aufhören selbst benötigen Sie tatsächlich überhaupt keine Hilfe. Das ist kinderleicht. Was kann schon schwierig daran sein, die letzte Zigarette seines Lebens auszudrücken? Wozu Sie Hilfe brauchen ist, es zu schaffen, die nötige Distanz zu erlangen, um zweifelsfrei erkennen zu können, dass es auch wirklich **Ihre Letzte** ist. Und dabei kann Ihnen dieses Buch helfen. Warum? Weil wir in exakt der gleichen Situation waren, in der Sie jetzt sind. Wir kennen die Verzweiflung, die Angst, das Scheitern, die Leere und die Depressionen (und natürlich die Gewichtszunahme) aus eigener Erfahrung, und nicht aus studierter. Wir haben die nötigen Informationen bekommen, die es einem ermöglichen zu erkennen, dass die Nikotinsucht ein raffinierter Mechanismus ist, und wir haben die Freiheit erfahren, die mit diesem Verständnis möglich ist. Jahrelang haben wir daran gearbeitet diese Informationen einfach verständlich zu machen, damit jeder Raucher in den Genuss dieser einzig schönen Erfahrung beim Rauchen kommen kann: **dem Aufhören.**

Um die Geschichte mit dem Ablasshandel auf den Punkt zu bringen: das Opfer, der zahlende Gläubige, konnte sich nicht einfach dazu entscheiden den Brief nicht zu bezahlen. Er hätte sich sehr schlecht gefühlt und unter seinem schlechten Gewissen gelitten. Und solange ein Raucher in dieser mentalen Dunkelheit der Abhängigkeit steckt, in die viele Experten leider noch kein Licht hineinbringen, kann er nicht einfach beschließen mit dem Rauchen aufzuhören. Er würde sich früher oder später schlecht fühlen, sei es wegen Entzugserscheinungen, Verzichtsgefühlen, Depressionen, Gewichtszunahme, usw. Um diese schlechten Gefühle los zu werden, wird er sich irgendwann wieder eine Zigarette anzünden und der Raucher erfährt daraufhin tatsächlich ein Gefühl der Erleichterung oder Befriedigung. Es gibt auch Raucher, die in diesem Zusammenhang direkt von einem Gefühl der *Erlösung* sprechen.

Wir haben darauf hingewiesen, dass man bei einem Ziel, das man erreichen will, erst einmal genau seinen Standort kennen muss, sonst ist jeder Plan nutzlos. Die Wahrheit ist, dass **alle** Raucher in einem mentalen Gefängnis stecken und dass eine der zentralen Eigenschaften dieser Falle das Gefühl ist aus freien Stücken zu handeln.

3. <u>Betrug</u>

Wie allgemein angenommen wird, scheint die sich entwickelnde Abhängigkeit von den Zigaretten ein schleichender Prozess zu sein. Die Abhängigkeit selbst wird materiell definiert, d.h. Droge (Nikotin), Körper und Unterbewusstsein erschaffen ein die Sucht aufrechterhaltendes System, bestehend aus Botenstoffen, Konditionierungen und körperlichen Modifikationen, aus dem der Betroffene nur noch schwierig herausfinden kann, wenn überhaupt. Genau hier wollen wir uns dem ersten Irrtum zuwenden. Es handelt sich nämlich nicht um ein materielles Problem, sondern um ein **rein mentales.** Den Unterschied wollen wir mit folgendem Beispiel verdeutlichen:

Wenn eine Frau auf einen Heiratsbetrüger hereinfällt und bis über beide Ohren in ihn verliebt ist, dann würde eine erzwungene Trennung (bspw. erwirkt durch wohlmeinende Angehörige) mit enormen körperlichen und seelischen Qualen ihrerseits verbunden sein. Appetitlosigkeit, Depressionen, Schlaflosigkeit oder Tobsuchtsanfälle wären dabei nicht auszuschließen. Doch die Ursache für diese Symptome ist ganz sicher nicht ihr Körper. Der Körper bildet lediglich ihren seelischen Zustand von Verlust, Trauer und Wut ab. Schuld an diesen schrecklichen Gefühlen gibt das Opfer ausgerechnet den Menschen, die eigentlich helfen wollen. Und so ist es möglich, dass eine solche Person sich von allen geliebten Menschen entfernt, nur um mit diesem Betrüger zusammen zu sein, schließlich macht er sie vermeintlich glücklich. Außenstehenden ist es in solchen Fällen oft viel leichter möglich das Ausmaß des Dramas wirklich zu erkennen, weil ihre Perspektive auf die Situation nicht durch verzerrte Liebesgefühle beschränkt wird.

Bei diesem Beispiel liegt es auf der Hand, dass nicht die Gene oder das Unterbewusstsein der Frau die zentrale Rolle spielen, sondern das Hereinfallen auf die Lügengeschichten des Betrügers. Mag sein, dass sie aufgrund traumatischer Kindheitserlebnisse unbewusst dazu neigt auf diesen Typ Mann hereinzufallen. Doch das Kernproblem besteht darin, dass sie seine Lügen nicht durchschaut. Kein Mensch, mögen seine Kindheitserinnerungen noch so schrecklich sein, kann absichtlich auf eine Lüge hereinfallen.

Ähnlich ist es beim Rauchen. Jeder Raucher kennt die negativen Emotionen und körperlich unangenehmen Symptome, die der Versuch aufzuhören mit sich bringen kann. Je nach Veranlagung machen sich Appetitlosigkeit oder gesteigerter Appetit bemerkbar, Depressionen, Schlafstörungen, Reizbarkeit oder Konzentrationsschwäche. Und so ziemlich jeder Raucher dürfte auch schon die Beobachtung gemacht haben, dass mit dem Anzünden einer Zigarette diese Symptome wieder verschwinden. Ein Gefühl der Erleichterung macht sich breit, zwar leicht überschattet von der Einsicht wieder gescheitert zu sein, doch das ist für die meisten in diesem Moment erst einmal zweitrangig.

Die gängige Erklärung für diese unangenehmen Erfahrungen beim Aufhören geht in die bereits angesprochene materielle Richtung (Droge, Körper, etc.). Doch das ist nicht die wahre Ursache für die Qualen eines Rauchers. In Wirklichkeit ist es so, dass der Raucher in den Zigaretten etwas sieht, was so nicht existiert, z.B. eine Hilfe im stressigen Alltag oder ein Genussmittel, das man bei all den heutigen Pflichten und Anforderungen einfach nicht missen möchte. Im Kern liegt das marternde Gefühl diese Stütze zu verlieren, sie aufgeben zu müssen, wenn man mit dem Rauchen aufhört. Eine deprimierende Leere macht sich bemerkbar, von der man nicht genau weiß, wie lange es dauern wird bis sie wieder verschwindet.

Diese negativen Gefühle, die viele Raucher bei einem Versuch aufzuhören oft erfahren, sind durchaus real und haben nichts mit Einbildung zu tun. Der Raucher leidet wirklich. Doch der Auslöser für dieses Leid ist eben kein körperlicher Aspekt, sondern ein raffinierter Irrtum, auf den der Raucher zu einem viel früheren Zeitpunkt bereits hereingefallen ist. Gelingt es ihm, diesen Irrtum zu erkennen, verschwindet auch seine Qual. Genau diese Erfahrung haben wir selbst gemacht. Und Tausende von Rauchern, die unsere Seminare besucht haben, bestätigen dies ebenfalls.

4. <u>Wille und Willenskraft</u>

Wenn ein Raucher die Täuschungen, die ihm vorgaukeln er sei aus eigenem Entschluss Raucher geworden, nicht durchschaut, bleibt ihm keine andere Wahl als mithilfe seiner eigenen Willenskraft es zu versuchen von den Zigaretten loszukommen. Fassen wir diese Herangehensweise kurz in ihren wichtigsten Eckpunkten zusammen:

Bei der Methode Willenskraft hat der Raucher jenes unangenehme Grundgefühl, das wir zuvor beschrieben haben, nämlich das Rauchen aufgeben zu müssen. Zwar ist jedem Raucher auf rationaler Ebene bewusst, dass die Nachteile des Rauchens die Vorteile mehr als wettmachen, dennoch wird das Gefühl ein Opfer bringen zu müssen zu Beginn deutlich stärker empfunden, als die Freude darüber sich nicht mehr zu vergiften und Geld zu sparen. Um sich in die Lage zu versetzen dieses Opfer wirklich zu stemmen, muss sich der Raucher vorher dementsprechend motivieren. Und das geschieht meist durch die intensive Auseinandersetzung mit den Nachteilen des Rauchens: die Krebsgefahr, die Unmengen an Geld, die gesellschaftliche Ächtung, das Kratzen im Hals, die schlechte Kondition, etc. Dann wird ein Zeitpunkt in der Zukunft gewählt, um das Projekt Aufhören anzugehen. Bis dahin bereitet man sich mental auf diesen Schritt vor, was in den meisten Fällen gekoppelt ist mit einer gesteigerten Anzahl gerauchter Zigaretten. Und nun kommen die diversen „Hilfen" mit ins Spiel, die Rauchern angepriesen werden. Manche suchen Unterstützung bei der Hypnose oder Akkupunktur, manche beim Arzt mithilfe diverser Medikamente, manche holen sich ein Nikotinersatzpräparat aus der Apotheke. Nun klappt es zwar bei einigen eine gewisse Zeit enthaltsam zu sein, bei wenigen ist der Erfolg von Dauer (meist gekoppelt mit Gewichtszunahme), bei den meisten klappt es gar nicht. Diese deprimierenden Erfahrungen, die die meisten Raucher bei diesem Prozess erleben, zementieren mit der Zeit die Überzeugung weiter, dass es offensichtlich äußerst schwierig ist von den Zigaretten dauerhaft loszukommen.

Aber was ist nun falsch daran, sich für ein Ziel anzustrengen, das doch wirklich erstrebenswert ist? Und warum soll es verkehrt sein, seine Willenskraft einzusetzen um gegen das Verlangen anzukämpfen, es gibt doch überhaupt gar keinen anderen Weg, oder?

Lassen Sie uns kurz zwischen dem Willen (dem Wunsch) etwas zu erreichen und der Willenskraft, die manchmal zu einer Zielerreichung vonnöten ist, unterscheiden.

Immer wieder hört man die Aussage, dass, wenn man wirklich erfolgreich mit dem Rauchen Schluss machen möchte, vorher ein starker Wille dazu da sein muss. Das ist natürlich korrekt. Schließlich behaupten ja nicht wenige Raucher, dass sie überhaupt nicht aufhören wollen. Hat sich der Wille aufzuhören bei einem Raucher aber einmal manifestiert, reicht dieser Wille allein nicht mehr aus, man spricht nun von dem Einsatz der Willenskraft. Scheitert man, wird dies als Schwäche empfunden, die Stärke der eigenen Willenskraft war eben leider nicht ausreichend. Schuldgefühle und Vorwürfe, nicht nur von außen, sind in aller Regel die Folge.

Instinktiv spüren Raucher, dass sie nicht so ohne weiteres aufhören können, deshalb raten sie ihren Kindern auch so dringend vom Rauchen ab. Und wir sind ebenfalls fest davon überzeugt, dass jeder Raucher, auch wenn er noch so überzeugend den Standpunkt vertritt gerne zu rauchen und nicht aufhören zu wollen, jene erste Zigarette seines Lebens nicht noch einmal anrühren würde.

Die eigentliche Frage lautet also nicht, ob ein Raucher wirklich aufhören will oder nicht. Die Frage lautet: **Gibt es überhaupt jemanden, der <u>wirklich</u> rauchen will?**

Jeder Mensch, der gefangen gehalten wird, hat den **Wunsch** oder den **Willen** möglichst schnell wieder frei zu kommen. Das ist die Grunderfahrung jeder Freiheitsberaubung. Willenskraft nützt da dem Opfer tatsächlich überhaupt nichts. Ihm würde nur ein Plan helfen, wo und wie genau er fliehen kann. Wenn er diesen Plan schließlich hat, macht es überhaupt gar keinen Sinn zu ihm zu sagen: „So, jetzt musst du nur noch wollen!" Beim Rauchen nimmt man fälschlicherweise an, dass Raucher sich bewusst dazu entschieden hätten Raucher zu sein. **Können Sie sich an diese Entscheidung erinnern?** Oder haben Sie nicht eher irgendwann festgestellt, dass Sie nicht aufhören können? Wir glauben, dass man Sie in eine Falle gelockt hat. Eine der größten Herausforderungen für jeden Raucher ist es zu erkennen, dass er es sogar mit einer äußerst raffinierten Falle zu tun hat. Wir betonen das Wort Falle in diesem Zusammenhang, denn das bedeutet: weder ist das ganze Dilemma die Schuld des Rauchers, noch ist Willenskraft nötig um es zu beenden. Was der Raucher braucht ist ein Plan von seinem Gefängnis, optimaler Weise mit eingezeichneter Schwachstelle, an der er entkommen kann. Dann braucht er bestenfalls noch Mut, aber sicher keine Willenskraft.

Willenskraft selbst ist dann wichtig, wenn man ein Verlangen in sich spürt, aber aus diversen Gründen diesem Verlangen nicht nachkommen **darf**. Nehmen wir z.B. einen verheirateten Mann auf Geschäftsreise, der Bekanntschaft mit einer äußerst reizenden Dame macht. Nehmen wir weiter an, dass er ein Verlangen in sich zu spüren beginnt, das mit näherem Kennenlernen immer heftiger wird. Alkohol verschärft die Situation. Sollte er schon einmal durch so eine Entgleisung in Schwierigkeiten gekommen sein und sollte er seiner Ehefrau versprochen haben, so etwas würde niemals wieder vorkommen, wird er seine Willenskraft einsetzen müssen, um dieses Versprechen zu halten.

Wenn jemand eine Diät macht und vor sich einen leckeres Tortenstück sieht, muss diese Person Willenskraft einsetzen um der Versuchung zu widerstehen. Diese Beispiele sollen zeigen, dass der Einsatz von Willenskraft **immer** an ein vorher vorhandenes Verlangen gekoppelt ist, dem man nicht nachgeben **darf**. Wer das Verlangen nicht hat, sich mit einem Hammer auf den Daumen zu hauen, wird auch keine Willenskraft brauchen, um es nicht zu tun. Und wenn der Geschäftsreisende bei seiner Entgleisung im Hotelzimmer schließlich merkt, dass diese Dame gar keine Frau ist, sondern anatomisch ein Mann, er quasi auf eine **Täuschung** hereingefallen ist, ist sein Verlangen schlagartig auch verschwunden. Er muss nun auch keine Willenskraft mehr einsetzen, um den Akt nicht auszuführen, er verlässt einfach das Zimmer.

Und hier haben wir es mit einem weiteren gravierenden Irrtum in Bezug auf das Rauchen zu tun: der festen Überzeugung, dass, wenn man erfolgreich aufhören möchte, man für eine unbestimmte Zeit gegen dieses (teils heftige) Verlangen zu rauchen wird ankämpfen müssen. Dieses, gegen das eigene Verlangen ankämpfen und durchhalten müssen, ist genau das, wovor so viele Raucher Angst haben. Und diese Angst mündet in den allermeisten Fällen in den Kompromiss, es zu einem späteren Zeitpunkt in Angriff zu nehmen, der, die Nichtraucher ahnen es, niemals kommt.

Damit keine Missverständnisse entstehen: es geht ganz sicher nicht darum, sich immer wieder einzureden, dass man keine Zigaretten will. Das würde genauso wenig funktionieren, wie dem Geschäftsreisenden den Tipp zu geben, er solle doch immer dann, wenn er eine reizende Dame sieht, sich vorstellen, sie wäre in Wahrheit ein Mann.

Klären wir zunächst die Frage, wann das Verlangen zu rauchen in Ihnen überhaupt entstanden ist, denn eines steht zweifelsfrei fest: das Verlangen nach einer Zigarette steckt nicht in Ihrem Erbgut. Mit absoluter Sicherheit können Sie sich an eine Zeit erinnern, in der Sie eine Party genießen konnten ohne dabei als Nichtraucher das Gefühl zu haben, Ihnen würde das Rauchen fehlen.

Und noch etwas ist wichtig: als Sie den Rauch Ihrer allerersten Zigarette inhaliert haben, haben Sie nicht das Verlangen gespürt, diesen Prozess zu wiederholen…ganz im Gegenteil.

5. <u>Der erste Kontakt</u>

Alle Menschen werden als Nichtraucher geboren und können sich das Verlangen nach einer Zigarette als solche nicht einmal vorstellen. Sie können sich vermutlich auch noch daran erinnern, dass Sie den Zigarettenrauch als Kind nicht mochten. Der Grund, warum wir jene erste Zigarette überhaupt probieren, ist meistens eine Mischung aus Neugier und dem Reiz, etwas Verbotenes zu tun. Manch einer wollte vielleicht auch einfach dazugehören. Niemand hat jedoch vor dieser ersten Zigarette bewusst die Absicht ein Raucher zu werden oder ahnt auch nur im Entferntesten, wie sich seine Zukunft durch die erste Zigarette verändern wird.

Das Bild, das wir uns bis dahin vom Rauchen gemacht haben, bewusst oder unbewusst, besteht im Kern aus zwei Gruppen von Informationen. Die erste Gruppe stellt das Rauchen als einen harmlosen Zeitvertreib dar, die zweite die Zigaretten als Teufelszeug. Zum einen wurde und wird bis heute das Rauchen als eine Gewohnheit dargestellt, die sich ein Raucher selbst ausgesucht hat, weil er es genießt, wegen des sozialen Aspektes oder wegen dem Gefühl der Entspannung. Aus der Schule kennen wir aber auch die ganzen abschreckenden Geschichten über das Rauchen: Raucherbeine, transplantierte Lungen, schleichender und qualvoller Krebstod. So abschreckend diese Bilder für sich genommen auch sind, sie sind gekoppelt mit der logischen Schlussfolgerung, dass es soweit kommen kann, nicht muss. Wenn wirklich jedem Raucher dieses schreckliche Schicksal passieren würde, so die Logik, dann würde sicherlich niemand rauchen. Doch es passiert eben nicht jedem. Diese schrecklichen Krankheiten liegen, wenn überhaupt, am Ende einer Raucherkarriere, also sind sie kaum ausschlaggebend für einen jungen Menschen, der sich zunächst einmal von dem coolen Image des Rauchens angezogen fühlt und die drohenden Gefahren eher als eine Art Mutprobe empfindet.

Eine Teilnehmerin schilderte in einem unserer Seminare, wie sie ihre Freundin vor ihrer ersten Zigarette sorgenvoll fragte: *„Was machen wir, wenn wir abhängig werden?"* Woraufhin die Freundin spontan erwiderte: *„Wenn wir merken, dass wir abhängig sind, dann hören wir einfach wieder auf."* Eine andere Teilnehmerin wiederum meinte: *„Ich wollte einfach wissen, was das für ein Gefühl ist abhängig zu sein."*

Tatsächlich bringen diese beiden Aussagen die Naivität von jungen Menschen in Bezug auf das Rauchen auf den Punkt: sie können einfach nicht verstehen, warum Raucher, die ihre Abhängigkeit bemerkt haben, nicht einfach wieder aufhören. Wenn Nichtraucher einen Raucher fragen ihnen das zu erklären, bekommen sie meist auch keine klare Antwort. Doch der Verstand des jungen Menschen arbeitet: *„Wenn das Rauchen mit solch* *immensen Nachteilen verbunden ist, dann muss es etwas geben, was den Rauchern am Rauchen ganz ungemein gefällt, sonst würden sie es ja gar nicht machen."*

Jeder weiß, wie unangenehm das Einatmen von Autoabgasen ist. Und niemand käme auf die Idee, das freiwillig jeden Tag zu machen. Was gefällt einem Raucher also genau am Rauchen, dass er es jeden Tag machen **will**? Das kann man einem Nichtraucher gar nicht erklären, weil es einfach keine Gründe für ein solches Verhalten gibt. Raucher können zwar sehr detailliert Situationen beschreiben, in denen sie eine Zigarette genießen: der Sonnenuntergang auf dem Balkon, der nette Plausch mit den Kollegen am Raucherpavillon, die gesellige Zusammenkunft im Biergarten, etc. Doch wenn man hartnäckig wissen möchte, **was genau** die Raucher **an der Zigarette** in solchen Momenten genießen, stößt man meist auf ein Schweigen, dann ein angestrengtes Überlegen, dann ein *„weiß nicht"*, *„ist halt so"*, *„äh, der Geschmack"* oder *„das kann man nicht erklären"*. Fragt das eigene Kind: *„Papa, warum rauchst du?"*, ärgert sich Papa erst einmal darüber, dass das Kind die Zigarette überhaupt bemerkt hat und lenkt sofort vom Thema ab.

Sollte das Kind jedoch über eine gesunde Neugier verfügen, bleibt ihm eigentlich keine andere Wahl, als es irgendwann einmal selbst auszuprobieren, wenn es herausfinden möchte, was Raucher denn nun am Rauchen genießen. Die schrecklichen Gefahren, die die Nikotinabhängigkeit mit sich bringen kann, die den meisten Kindern heute in der Schule bildlich deutlich vor Augen gehalten werden, geben dem Ausprobieren dieser ersten Zigarette den Beigeschmack besonders mutig zu sein. Schließlich ist auch jedem noch so schlicht denkenden Kind klar, dass diese horrenden Gefahren nur dann greifen, wenn man erstens Raucher wird und zweitens es nicht schafft rechtzeitig aufzuhören.

Nach einigem Hin und Her kam also auch bei Ihnen der spannende Moment etwas Verbotenes und Gefährliches zu tun. Was Sie wirklich erfahren haben, wissen natürlich nur Sie selbst.

Dem absoluten Großteil der Raucher passiert folgendes: zunächst weiß man gar nicht genau, was man da machen soll. Ungeschickt hält man die Zigarette und sie liegt sehr fremd in der Hand. Man steckt sie sich in den Mund, hält Feuer daran und zieht. Und dann? Die meisten pusten den schrecklichen Rauch erst einmal aus, wenige schaffen es tatsächlich bei diesem ersten Zug die wichtige Inhalation zu vollbringen. Weit verbreitet ist der Trick „Hhhh, die Mama kommt", gefolgt von einem sofortigen heftigen Hustenanfall. Grausam ist diese erste Erfahrung, Übelkeit und Schwindel sind die Folge. Würde man diese Prozedur bei einem Jugendlichen wirklich live beobachten können, hätte man sofort Mitleid. Der Körper wird in Alarmbereitschaft versetzt, eine massive Vergiftung findet statt. Durch das Inhalieren dringt eine Fülle an Giften in den Kreislauf, ein Schock für den jungen Körper und die Psyche. Wie unendlich weit entfernt ist in diesem Moment eine Realität, die doch genau hier ihren Anfang nimmt: man kann sich ein Leben ohne Zigaretten bald nicht mehr vorstellen, wird traurig, depressiv oder gerät in Panik, wenn die Zigaretten aus sind. Nehmen Sie sich einen Moment Zeit, um über diese immense Verwandlung nachzudenken. **Wie kann es sein, dass diese erste Erfahrung so völlig anders war als das, was Sie heute über das Rauchen empfinden?**

Die häufigste Erklärung ist die, dass man sich einfach an das Rauchen gewöhnt hat. Doch **warum** wollten Sie es sich angewöhnen? Wenn Sie ganz ehrlich sind, hatten Sie nach dieser ersten Zigarette überhaupt nicht vor, sich das Rauchen „anzugewöhnen", sondern Ihnen war lediglich klar: hier lauert doch gar keine Gefahr. Andere Raucher haben immer wieder gesagt, wie sehr sie die Zigaretten genießen, vor allem Ihre rauchenden Altersgenossen. Daraus ergibt sich die logische Schlussfolgerung, dass man zuerst das Rauchen genießen muss, **bevor** man abhängig werden kann.

Diese Annahme ist der erste konkrete gedankliche Irrtum des Opfers. Der junge Mensch hat kaum eine Chance an diesem Punkt der Falle auf die Schliche zu kommen. In diesem Alter vertraut man noch den Erwachsenen, die einen zwar gewarnt haben, aber gleichzeitig in Filmen und auf Werbeplakaten uns glücklich rauchend entgegen strahlen. Tatsächlich kann man diese beiden sich völlig widersprechenden Bilder nur so interpretieren, dass der Horror des Rauchens nur dann greift, wenn man die Kontrolle über das Rauchen verloren hat. Findet man keinen Genuss am Rauchen, kann man die Kontrolle auch nicht verlieren. Also besteht logischerweise kaum ein Risiko, das Opfer wiegt sich dadurch in Sicherheit.

Während der junge zukünftige Raucher sich keine weiter reichenden Gedanken um diese erste Erfahrung macht, werden im Hintergrund bereits die Fäden für ein tödliches Netz gesponnen. Das Drama nimmt nun seinen Lauf, von dem naiven Opfer völlig unbemerkt. Noch hat sich kein Verlangen nach einer Zigarette gezeigt, **aber der Same für dieses Verlangen ist gesät.**

Nach der unangenehmen Erfahrung des ersten Lungenzugs ist die Neugier des Jugendlichen erst einmal befriedigt, doch das nicht sehr lange. Er nimmt lediglich an, dass von so etwas Widerlichem keine echte Gefahr drohen kann. Doch was genau die Masse der Raucher nun an den Zigaretten genießt, ist ihm nach wie vor ein Rätsel. Vielleicht muss man es einfach noch einmal probieren? Vielleicht wird es dann besser?

Und so kommt es, dass ein relativ großer Teil der jungen Menschen, die von ihrer ersten Zigarette ganz weiß im Gesicht wurden, trotzdem irgendwann eine zweite rauchen…

6. <u>Nikotin</u>

Es ist allgemein bekannt, dass Tabak die Droge Nikotin enthält. Nicht so viele Menschen wissen, dass es sich hierbei um ein äußerst starkes Nervengift handelt, das einige Jahrzehnte lang in der Insektenvernichtungsindustrie zum Einsatz kam. Kaum jemand weiß, dass diese Substanz eine sehr interessante Eigenschaft besitzt, die für das Verständnis der Raucherfalle elementar wichtig ist: Nikotin, das als Gift vom Körper relativ schnell abgebaut wird, erzeugt während des Abbaus ein künstliches Hungergefühl, das von echtem Hunger kaum zu unterschieden ist. Dieser Zusammenhang zwischen Nikotin und Hunger wurde zum ersten Mal von Allen Carr entdeckt, einem ehemaligen Kettenraucher, der durch sein Buch „Endlich Nichtraucher" weltberühmt wurde. Dieses vorgetäuschte Hungergefühl bildet die Basis für die Illusionen, die einen Raucher glauben lassen, es sei sein eigener Wunsch Raucher zu sein.

Natürlich kann man gleich an dieser Stelle bezweifeln, ob diese Behauptung wahr ist. Denn wenn sie wahr wäre, dann hätten die Experten das doch längst selbst herausgefunden. Hier ist es wichtig sich klarzumachen, dass zu Beginn der Forschung um die Nikotinabhängigkeit der größte Teil der Experten selbst rauchte oder mal geraucht hatte, d.h. die ersten „Erkenntnisse" oder „Theorien" über das Rauchen stammten von Abhängigen selbst (z.B. Siegmund Freud). Irgendwann fand man heraus, dass viele Raucher nicht einfach mit dem Rauchen aufhören konnten, zumindest nicht dauerhaft. Dieses Mysterium zu erklären war die Aufgabe der Experten, und sicher haben sich viele zu Beginn aufrichtig Mühe gegeben dieses Problem zu lösen. Sämtliche Theorien versuchten zu erklären, **warum** es so schwierig ist mit dem Rauchen aufzuhören. Auch heute akzeptiert man diese Tatsache über das Rauchen blind. Die tragische Ironie an der ganzen Sache ist nur einfach die: **das Rauchen-Aufhören ist nicht schwierig!** Doch wie soll man eine Sache erforschen, von deren Existenz man überhaupt nichts weiß? Es stellt sich folgende Frage: Wenn alle Raucher die Erfahrung machen, dass es schwierig ist, mit dem Rauchen aufzuhören, muss es auch so sein, oder nicht?

Stellen Sie sich kurz eine Fliege vor, die aus einem geschlossenen Raum durch die Fensterscheibe in die Freiheit fliegen möchte. Immer wieder nimmt sie Anlauf und stößt sich den Kopf an. Wenn es allen Fliegen so geht, kann man eindeutig behaupten, dass es schwierig ist durch die Scheibe zu fliegen. Nehmen wir an, das Fenster ist gekippt. Wir wissen, dass es unter diesen Umständen eigentlich eine Leichtigkeit wäre zu entkommen. Die Fliege wird das aber nicht begreifen. Sie versteht das Hindernis nicht, das ihr bei ihrer Flucht im Wege steht. Vielleicht gelingt es einer Fliege aus Zufall die Öffnung zu entdecken, aus der sie entkommen kann, doch die meisten Fliegen sterben in einer solchen Situation eher an Gehirnerschütterung.

Ähnlich ist es beim Rauchen. Raucher können die Freiheit durchaus sehen und begreifen: sich einfach keine Zigarette mehr anzünden. Und doch gibt es da ein Hindernis, irgendetwas, das sie zurückhält. Doch auch hier gibt es eine Lücke, ähnlich wie bei dem gekippten Fenster. Der Fliege könnte man klare Anweisungen geben wie sie leicht entkommen kann, wenn man ihr vorher erklären könnte, was eine Scheibe genau ist. Analog dazu ist das Rauchen-Aufhören dann leicht, wenn der Raucher das Hindernis identifizieren kann, das bei seiner Absicht aufzuhören ihm im Wege steht.

Jeder Raucher bemerkt irgendwann, dass es einen klaren Zusammenhang zwischen Rauchen und Essverhalten gibt. Nach einer Zigarette fühlt man sich oft weniger hungrig als zuvor, weshalb viele in den Zigaretten eine Diäthilfe sehen. Zudem haben viele Raucher das Bedürfnis mehr zu essen, wenn sie versuchen aufzuhören oder wenn sie das Rauchen reduzieren. Es scheint zwar auf den ersten Blick so auszusehen, als ob Nikotin den Hunger hemmen würde, doch wir werden an späterer Stelle zeigen, dass es sich dabei um einen Trugschluss handelt.

Versetzen wir uns kurz in die Tabakspflanze, die es satt hat, ständig von irgendwelchen Tierchen angefressen zu werden. Sie entwickelt ein Gift, das Angreifer von ihr fernhalten soll. Doch die Angreifer ihrerseits entwickeln eine Resistenz gegen dieses Gift, die Pflanze wird nun wieder verzehrt. Da könnte es ein kluger Schachzug gewesen sein ein Gift zu erfinden, das gleichzeitig dem Gehirn des Angreifers Hunger vorgaukelt, sobald es in dessen Organismus abgebaut wird. So würde er innerlich dazu getrieben immer mehr zu fressen bis die körpereigene Toleranz gegen das Gift überschritten ist und der Tod eintritt. Die Entwicklung einer Resistenz wäre so deutlich erschwert.

Die eben geschilderte Überlegung ist rein theoretisch zu verstehen. Weder sind wir Botaniker noch Insektenforscher. Doch ganz abwegig sind diese Überlegungen auch nicht. In der Pflanzen- und Tierwelt gibt es immer wieder erstaunliche Überlebensmechanismen, die keinen Zweifel daran lassen, dass eine Form von Intelligenz am Werke ist, für die wir einfach noch keine Erklärung besitzen.

Wie bereits erwähnt, spürt jeder Raucher einen Zusammenhang zwischen dem Rauchen und seinem Essverhalten. Uns ist es wichtig mit Ihren Erfahrungen zu arbeiten. Auch wenn Sie vielleicht die Beobachtung gemacht haben, durch das Rauchen abgenommen zu haben, glauben wir, dass Nikotin ein chronisches Hungergefühl verursacht, dass zu unkontrolliertem Essverhalten führen kann (und das, solange man raucht, nicht erst wenn man aufhört!). Um zu verstehen, wie die Falle nun funktioniert, müssen wir uns daher zunächst mit dem natürlichen Hungermechanismus beschäftigen.

Der Hunger ist ein Trieb, d.h. die Steuerung desselben erfolgt durch unseren Instinkt. Trieb bedeutet, dass ein genetisch pro-

grammiertes, also vererbtes Verhaltensmuster, auf einen darge-
botenen Reiz hin ausgelöst wird. Drei Eigenschaften sind dabei
hervorzuheben:

1. Der auslösende Reiz kann rudimentär vorhanden sein, um
   das Triebverhalten in Gang zu bringen. (Beim Sexualtrieb
   reichen z.B. in der Rinderzucht oft schon Düfte und ein
   Holzkasten als Kuhimitat).
2. Das triebgesteuerte Verhalten ist schwer zu stoppen, wenn
   es einmal initiiert wurde.
3. Triebe sind manchmal stärker als der gesunde Menschen-
   verstand.

Bei uns Menschen kann die Triebsteuerung, sei es jetzt der
Hungertrieb oder auch der Sexualtrieb, bisweilen große Probleme
bereiten. Triebtäter berichten oft davon, das Gefühl zu haben
diesem inneren Drang gegenüber völlig machtlos zu sein. Andere
wiederum kämpfen gegen immer wiederkehrende Essattacken.

Wir könnten es auch so formulieren: beim Menschen kommt es
in manchen Fällen zu einem gewissen Durcheinander in seinem
Verhalten, das zumindest z.T. darauf zurückgeführt werden kann,
dass wir unsere Triebe nicht immer bewusst unter Kontrolle haben.

Sollte die Tabakspflanze durch die Entwicklung des Nikotins ein
Gift erfunden haben, dass den Fresstrieb des Angreifers in Gang
bringt, so dass er den Drang spürt mehr und mehr davon zu sich zu
nehmen, bis er tot ist, liegt die Annahme nicht sehr fern, dass die
Wirkung des Nikotins beim Menschen sehr ähnlich ist. Doch bedingt durch unseren komplexeren Organismus nur langsamer. Bis
jemand so viel geraucht hat, dass er direkt daran stirbt, vergehen
bisweilen Jahrzehnte.

Vielleicht glauben Sie, niemand sterbe am Nikotin selbst,
sondern an den „schmutzigen" Bestandteilen des Tabaks, wie
Teer, Kohlenmonoxyd, etc. Bitte behalten Sie im Auge, dass

Nikotin eine hochtoxische Substanz ist, deutlich giftiger als Heroin. Der Nikotingehalt einer Zigarette direkt injiziert ist tödlich. Jeder, der schon Nikotinkaugummis gekaut hat, kennt das Gefühl der Übelkeit, das sich daraufhin einstellt und mit dem der Körper ganz klar zum Ausdruck bringt, dass er vergiftet wird. Es bleibt abzuwarten, welche Folgen die E-Zigaretten haben werden, in denen reines Nikotin konsumiert wird. Sie werden angepriesen mit dem Argument gesünder zu sein als normale Zigaretten, weil die „Schadstoffe" fehlen. Ähnlich wurde schon bei der Entwicklung der Filterzigaretten, der Menthol-Zigaretten und der Light-Zigaretten argumentiert. Jedes Mal wurden wir durch die schrecklichen Krankheiten eines Besseren belehrt. Brauchen Sie wirklich weitere Krankheiten um sich davon überzeugen zu lassen, dass das Einatmen eines Nervengiftes, ob „verunreinigt" oder nicht, schädlich sein muss? Selbst wenn es stimmt, dass die Wahrscheinlichkeit an Lungenkrebs zu erkranken auf diese Weise sinkt, sollte man sich immer noch die wichtige Frage stellen: **Was hat man davon, ein Nervengift einzuatmen?**

7. <u>Der Hungertrieb beim Menschen</u>

Wenn wir die Evolutionsgeschichte betrachten, stellt sich heraus, dass die Entwicklung der Arten kein kontinuierlicher Prozess ist, sondern eher sprunghaft verläuft. Dabei wird die Entstehung einer neuen Art einerseits von genetischer Variation beeinflusst, andererseits von einer sich verändernden Umwelt. Der Druck auf eine Lebensform sich anzupassen wird dann besonders groß, wenn der ursprüngliche Lebensraum nicht mehr lebenserhaltend ist. Der Gang vom Wasser aufs Land ist so ein Beispiel. Die gefährlichen Gase der Atmosphäre waren alles andere als einladend, und der Körper wird außerhalb des Wassers deutlich träger. Irgendetwas muss die Lebewesen angetrieben haben sich in diese Richtung zu entwickeln. Vielleicht wurde durch ein Erdbeben ein Teil des Meeres vom Rest abgeschnitten und die Nahrungsversorgung wurde dadurch knapp.

Ähnlich ging es sicher auch den ersten Tieren, die versuchten die Luft als Lebensraum zu erobern. Kaum vorstellbar, dass das Fliegen gleich sofort geklappt hat. Und tatsächlich wissen wir aus Fossilienfunden, dass es zahlreiche Versuche gegeben hat, die nicht alle erfolgreich waren.

Es gibt unendlich faszinierende Beispiele dieser Art. Eines der faszinierendsten Leistungen der Evolution ist der Mensch. Zum ersten Mal war ein Lebewesen in der Lage das eigene Verhalten von vererbten Verhaltensmustern abzukoppeln. Damit entstand eine vorher nie da gewesene Handlungsfreiheit. In seinem Gehirn entwickelte sich ein Bereich, der Informationen auf eine andere Weise verarbeiten konnte als der Instinkt, wir nennen diesen Bereich Bewusstsein. Es ist genau dieser Teil Ihres Gehirns, der Ihnen ermöglicht dieses Buch zu lesen und über seinen Inhalt zu reflektieren. Anders ausgedrückt könnte man sagen, dass das Bewusstsein der Raum ist, der Ihre Gedanken enthält.

Wir können diese Entwicklungsgeschichte des Bewusstseins bei Kindern heute noch beobachten. Als Säuglinge erfolgt ihr Handeln instinktgesteuert, mit dem Alter von ungefähr zwei Jahren entwickelt sich das Bewusstsein, das Kind beginnt sich als eigenständig zu begreifen, das Wort „Ich“ taucht auf. Parallel dazu erfolgt die Entwicklung der Sprache, um anderen die eigenen Gedanken mitteilen zu können, eine einzigartige Fähigkeit im Bereich der Tierwelt.

Mit diesem „Ich“ erfolgt die Identifikation, das Gefühl, dass man dieses „Ich“ ist, getrennt von den anderen. Während wir uns in unserer persönlichen Entwicklung mit immer mehr Dingen und Rollen identifizieren (z.B. **ich** bin Schüler, das Auto gehört **mir**, **ich** bin fleißig, **ich** bin deutsch, usw.), treten unsere instinktiven

Verhaltensmuster scheinbar immer mehr in den Hintergrund, laut Freud in den Bereich des Unbewussten.

Dieses Unbewusste oder Unterbewusstsein macht uns bisweilen Angst, denn so ziemlich jeder Mensch kennt die Erfahrung nicht Herr der eigenen Handlungen zu sein. Vor allem dann, wenn die Verhaltensweisen selbstzerstörerisch sind, stehen wir oft vor einem Rätsel. Als Erklärung für dieses scheinbar unlogische Verhalten werden oft unbewusste Vorgänge herangezogen, die, so nimmt man größtenteils an, in der Kindheit geprägt wurden.

Zugegeben, die äußerst komplexe Entwicklungsgeschichte des Menschen und seiner Besonderheiten wird hier äußerst rudimentär wiedergegeben, doch es gibt zahlreiche Bücher, die sich intensiv mit diesem faszinierenden Thema beschäftigen. Uns sollen nur die Ausschnitte interessieren, die für ein Verstehen der Nikotinfalle wichtig sind. Wir möchten demnach darauf hinweisen, dass das menschliche Verhalten grob vereinfacht auf drei Arten gesteuert werden kann: instinktiv, bewusst gesteuert oder durch eine Kombination von Bewusstsein und Instinkt.

Als Beispiel für ein rein instinktiv gesteuertes Verhalten könnten wir das Luftanhalten eines Kindes anführen, sobald es mit Rauch in Kontakt kommt. Bewusst gesteuert ist das Lesen dieses Buches und ein Beispiel für eine Kombination aus Bewusstsein und Instinkt ist der Besuch eines schönen Restaurants.

Wann und wie genau das Bewusstsein des Menschen entstand, wissen wir nicht. Aber eines steht fest: diese neuartige Fähigkeit der Informationsverarbeitung musste mit den instinktiv gesteuerten Verhaltensmustern, die es schon gab, gekoppelt werden. Der Mensch konnte schließlich nicht anfangen zu denken und vor lauter Faszination dann das Atmen vergessen, die Nahrungsaufnahme oder die Fortpflanzung.

Kommen wir zurück zum Hunger. Was genau ist der Hunger? Ein Trieb, der unser Überleben sicherstellen soll. Wann wird er aktiv? Wenn der Nährstoffgehalt in unserem Körper unter eine gewisse

Schwelle sinkt. Niemand ist in der Lage mit seinem Bewusstsein, also mithilfe seiner Gedanken, festzustellen wie voll z.B. seine Kohlenhydratvorräte in diesem Moment gerade sind. Das muss man eben auch nicht können, irgendwann wird der Hunger uns daran erinnern sie aufzufüllen. Aber wie genau funktioniert das nun?

Stellen wir uns einen Menschen an einem Sonntagnachmittag beim Fernsehen auf der Couch vor. Er liegt da und schaut sich eine Sendung an, er denkt überhaupt nicht ans Essen. Doch irgendwann steht er auf und geht zum Kühlschrank. Er nimmt etwas heraus, setzt sich hin und fängt an zu essen. Was genau hat ihn dazu veranlasst aufzustehen?

Vielen Menschen ist nicht bewusst, dass der Hunger die eigenen Gedanken beeinflussen kann. Der Gedanke, der dazu führt, dass wir uns auf den Kühlschrank zubewegen, können wir uns ungefähr so vorstellen: *„Ich habe Lust auf eine Kleinigkeit"*. Schauen wir uns dieses Wörtchen **Ich** etwas genauer an. Sie haben sich vermutlich über dieses „Ich", das aufstehen und zum Kühlschrank gehen möchte, noch nie so richtig nachgedacht. Aber tatsächlich stecken hinter diesem „Ich" nicht Sie als Person, sondern Ihr Hunger, also ein Trieb. Denn ohne Hunger wäre die Person nicht auf den Gedanken gekommen zu essen, vorausgesetzt die Koordination der Essvorgänge in Körper und Gehirn verlaufen optimal. Genauer gesagt müssten wir, wann immer wir diesen Gedanken zu essen wahrnehmen, eben nicht sagen: *„**Ich** will etwas essen"*, sondern: *„**Der Hunger in mir** macht, dass ich etwas essen will"*. Aber das macht natürlich niemand, es wäre vermutlich auch viel zu kompliziert. Trotzdem ist es wichtig zu verstehen, dass hinter so manchem Gedanken, der mit „Ich" anfängt, nicht Sie als eigenständiges Individuum stehen, mit Name, Adresse und Hobbies, sondern einer Ihrer Triebe. Einen Trieb kann man zu Beginn nicht direkt wahrnehmen, doch schauen wir uns an was passiert, wenn ein Mensch dem Gedanken *„Ich habe Lust zu essen"* nicht Folge leistet. Vielleicht hat er sich beim Wandern verlaufen und dann auch die Karte verloren. Er sucht den Rückweg und während er weiterläuft, wird der Hunger immer größer. Nun verändern sich die Gedanken von dem angenehmen *„Ich habe Lust auf etwas zu essen"* über *„Ich muss langsam was essen"* bis hin zu *„Wenn ich jetzt nicht irgendetwas zu essen kriege, drehe ich noch durch"*.

Bei der ersten Phase der Hungergedanken hat man nicht wirklich das Gefühl, dass man essen **muss.** Man hat einfach Lust auf etwas Leckeres. Darüber hinaus sind diese Gedanken verbunden mit einem Gefühl der Vorfreude, denn in dieser Phase haben wir auch meist die Möglichkeit das zu essen worauf wir Lust haben. Bei einem Menschen mit harmonischem Zusammenspiel zwischen Hunger und Bewusstsein (Gedankenraum) kann man darüber hinaus davon ausgehen, dass seine Lust auf gewisse Dinge mit seinem Nährstoffbedarf korreliert, d.h. dass eine Person, die besonders viel Eiweiß benötigt, auch Appetit auf eiweißhaltige Nahrungsmittel hat.

In der zweiten Phase merken wir in uns eine gewisse Gereiztheit und Ungeduld, und in der dritten Phase kann Aggressivität ausbrechen bis hin zu Zwangshandlungen.

Der Hunger kann demnach als eine im Hintergrund wirkende Kraft verstanden werden, die steuernd auf unsere Gedanken und unser Verhalten einwirkt. Doch der Mensch selbst hat immer das Gefühl **er selbst** würde diese Gedanken produzieren. Darüber hinaus nimmt ein Trieb Einfluss auf Ihre Fähigkeit Ihre Aufmerksamkeit anderen Gedanken zuzuwenden, die nicht der Triebbefriedigung dienen. Je größer der Hunger wird, umso schwieriger wird es Ihnen fallen, an irgendetwas anderes als ans Essen zu denken.

Eine Sache muss nun besonders hervorgehoben werden: Unterteilen wir den Hunger grob in zwei Phasen: die angenehme Phase, geprägt von Vorfreude und Lust, und die quälende Phase, begleitet von Gefühlen der Unruhe und Aggression. In der ersten Phase hat man das Gefühl man isst **freiwillig**, was auch damit zusammenhängt, dass man seine Aufmerksamkeit noch anderen

Dingen zuwenden kann. Man muss nicht sofort essen, wenn man Hunger spürt. In der zweiten Phase erfährt man den Hunger jedoch zunehmend als Beeinträchtigung, denn es wird immer schwerer, die Gedanken vom Essen zu lösen, hinzu kommt eine körperliche Unruhe, bis man irgendwann spürt, dass man jetzt dringend etwas essen **muss**. Diese beiden Erfahrungen widersprechen sich eigentlich. Entweder wir essen freiwillig oder wir müssen essen. Jeder Mensch weiß natürlich, dass letzteres zutrifft, ohne Nahrung überleben wir nicht.

Daraus folgt, dass das Gefühl freiwillig zu essen, im Grunde genommen eine Illusion ist. Zwar kann man seinen freien Willen dazu benutzen den Zeitpunkt zu wählen, **wann** man zum Kühlschrank läuft und **was** man zu essen wählt, doch das Zeitfenster, in dem dieser freie Wille existiert, ist begrenzt.

Diese Eigenschaft des Hungers, uns bei einer geringen Triebstärke (also wenig Hunger) das Gefühl zu vermitteln, wir würden aus freien Stücken essen, ist äußerst wichtig für das Verständnis der Nikotinfalle. Denn auch ein Raucher kann durchaus selbst entscheiden, **wann** er sich eine anzündet und **was** er raucht (vorausgesetzt es enthält Nikotin), doch vielleicht ist Ihnen als Raucher schon mal aufgefallen, dass diese Entscheidungsfreiheit nur während eines bestimmten Zeitfensters existiert.

8. <u>Parasitismus</u>

Wie im vorigen Kapitel erwähnt, ist eines der zentralen Merkmale der Evolutionsgeschichte das Auftauchen neuer Lebensformen, denen eine scheinbar sprunghafte Weiterentwicklung gelungen ist. Lassen Sie uns an dieser Stelle ein weiteres Beispiel genauer erläutern:

Man geht davon aus, dass die ersten Lebewesen im Meer entstanden sind. Durch die atmosphärischen Vorgänge zu dieser Zeit entstanden chemische Verbindungen, die vermutlich die erste Nahrungsgrundlage bildeten. Irgendwann gab es dann den ersten Einzeller, eine organisierte abgeschlossene Lebensform, die die Informationen bezüglich ihres Überlebensprogramms in sich speichern und weitergeben konnte. Sie ernährte sich von den chemischen Verbindungen und pflanzte sich fort. Durch genetische Variation entstanden neue Formen, bis eine Fülle von verschiedenen Einzellern das Meer bewohnte. Doch nach vielen Millionen von Jahren wurde die Nahrung für diese Masse an Einzellern zu knapp, wodurch der Überlebensdruck gewaltig gestiegen sein muss. Irgendein Einzeller schaffte es schließlich, seine Energie nicht mehr aus den chemischen Verbindungen zu beziehen, sondern direkt aus dem Sonnenlicht, das natürlich in Hülle und Fülle vorhanden war. Durch eine komplizierte Zusammensetzung von Molekülen entstand das Chlorophyll, Grundlage der Photosynthese. Diese Zellen hatten nun einen gewaltigen Vorteil und vermehrten sich rasch. Doch damit bildeten sie wiederum die Nahrungsgrundlage für andere räuberische Zellen. Manche Zellen erkannten jedoch den Nutzen dieser neuen Erfindung. Sie verleibten sich diese zur Photosynthese fähigen Einzeller zwar ein, verdauten sie jedoch nicht, sondern boten ihnen Schutz vor den Räubern. Die größeren Zellen profitierten dann von den durch das Sonnenlicht entstandenen Kohlenstoffverbindungen. Die ersten Pflanzenzellen sind entstanden, die Grundlage der Fülle der heutigen Pflanzenwelt.

Ein Evolutionssprung nutzt also nicht nur dem Lebewesen etwas, das eine neue Erfindung hervorgebracht hat, sondern es zeigen sich recht bald Nutznießer. Hat z.B. ein Insekt ein tödliches Gift entwickelt, um sich vor Angreifern zu schützen, kann es mitunter passieren, dass irgendeine Kröte immun dagegen wird und dieses Gift nun einfach für sich selbst nutzt.

Die Entstehung des Bewusstseins beim Menschen erforderte die Synchronisation zweier Arten von Informationsverarbeitung. Das war völlig neu, war doch das Verhalten bis dahin instinktgesteuert, d.h. auf genetischer Grundlage vererbt worden. Es taucht nun zwangsläufig die Frage auf, warum es von Nutzen sein konnte das Verhalten vom Instinkt teilweise unabhängig zu machen. Warum hat die Natur diese Fähigkeit überhaupt entstehen lassen? Jeder Mensch kann sehen, dass die Welt ohne diese Erfindung deutlich schöner wäre. Ohne den Menschen wäre die Natur mit Sicherheit nicht so verschmutzt und zerstört wie heute. Handelt es sich bei der Entwicklung des vom Instinkt losgelösten Verhaltens vielleicht um einen gewaltigen Fehler?

Betrachten wir für einen Moment den Kuckuck. Dieser Vogel überlässt das Aufziehen seiner Jungen einfach einer anderen Vogelart. Wie der Kuckuck auf die Idee gekommen ist, sein Ei in ein anderes Nest zu legen, bleibt wohl eines der großen Rätsel der Evolution. Man könnte sagen, er hat es zufällig ausprobiert und dabei herausgefunden, dass die anderen Vögel das gar nicht merken. Doch in Wahrheit ist es komplizierter. Der Kuckuck legt ein Ei in ein fremdes Nest, in dem bereits Eier liegen. Sein Ei ist optisch von den anderen kaum zu unterscheiden. Wenn der kleine Kuckuck schlüpft, fängt er sofort an die Wirtseier oder –jungen aus dem Netz zu stoßen, bis er alleine übrig bleibt. Sobald die Eltern der ermordeten Jungen wiederkommen, sperrt der Kuckuck seinen Schnabel auf, der eine ähnliche Farbmarkierung aufweist wie die der eigenen Jungen und der die Eltern zum Füttern animiert. Die reingelegten Eltern reagieren und fliegen sofort los um Futter für dieses falsche Kind zu suchen, das erstaunlich groß wird und auch farblich völlig anders aussieht als seine Wirtseltern. Bei Tierfilmen, die diesen Trick des Kuckucks zeigen, fragt man sich ein bisschen, warum die „Pflege"-Eltern eigentlich nicht merken, dass dieses Ungetüm im eigenen Nest nie und nimmer das eigene Junge sein kann.

Dieses Beispiel soll einen gewaltigen Nachteil instinktgesteuerten Verhaltens aufzeigen: es ist manipulierbar. Wenn eine Lebensform es schafft den Reizauslöser für ein instinktives Verhalten einer anderen Art erfolgreich nachzuahmen, kann es diese Lebensform versklaven. Ein weiteres eindrucksvolles Beispiel ist der Tollwutvirus, der das Verhalten weitaus höher entwickelter Lebensformen als es selbst komplett für seine eigenen Zwecke umzuprogrammieren weiß.

Vielleicht ist es eine naheliegende Schlussfolgerung, dass die Entwicklung unseres Bewusstseins die Möglichkeit eröffnen sollte, sich von solcher Sklaverei auch wieder zu befreien. Denn genau das können die Opfer des Kuckucks nicht. Die Fähigkeit innezuhalten, dieses eigenartige Geschöpf im eigenen Nest zu betrachten, und sich dabei zu fragen: *„Warum sieht dieser Vogel eigentlich so völlig anders aus als wir?"* Dazu ist nur der Mensch mit seinem analytischen Verstand in der Lage. Und auch nur der Mensch ist dazu fähig ein Mittel gegen Tollwut zu entwickeln, dank dieser Erfindung.

Wenn man die Evolutionsgeschichte nun eine Weile betrachtet, mit all ihren wundersamen Entwicklungen und dem Ineinanderverwobensein aller Lebensformen, d.h. kein noch so raffinierter Erfolg nutzt nur dieser einen weiterentwickelten Spezies, sondern es zeigt sich schnell eine Fülle an Nutznießern, räuberischer, parasitärer oder symbiotischer Art, dann stellt sich wiederum die Frage, ob es sich nicht auch genauso mit dem menschlichen Bewusstsein verhalten könnte. Könnte es sein, dass der Mensch zwar das erste Lebewesen ist, das über die außerordentliche Fähigkeit verfügt, sich vom Instinkt zumindest teilweise unabhängig zu machen, aber dass es durchaus auch andere Lebensformen gibt, die davon längst profitieren, und zwar nicht nur symbiotisch, wie die Kartoffel, sondern auch parasitär, d.h. ohne jeden Nutzen für den Menschen selbst?

Die Frage wirkt zunächst völlig eigenartig. Bisher haben die meisten Menschen den Eindruck, dass der Großteil an Lebewesen auf unserem Planeten an unserer Fähigkeit analytisch zu denken leidet, mitunter sogar qualvoll daran zugrunde geht. Doch auch Menschen gehen qualvoll zugrunde, z.B. an ihrem Nikotinkonsum. Der Unterschied ist hier lediglich der, dass der Mensch sich dieses Leid selbst zuzufügen scheint.

9. <u>Infektion</u>

Irgendwann kam jemand auf die Idee sich eine Zigarette anzuzünden. So kann man das natürlich nicht formulieren, denn der erste rauchende Mensch hatte noch keine Zigaretten. Es gibt keine genauen Belege dafür, wann zum ersten Mal der Rauch von Tabak inhaliert wurde, doch da der Tabak nach der Entdeckung der neuen Welt zu uns kam, lassen Sie uns einen Blick auf die rauchenden Indianer werfen.

Die Völker Nordamerikas hatten eine sehr innige Beziehung zur Natur. Das Konzept Land zu „besitzen" war ihnen fremd und alle Lebensformen waren ihnen heilig. Jeder Stamm hatte einen Häuptling und meist auch einen Medizinmann, der sein Wissen von früheren Generationen oder aus eigenen Erfahrungen bezog. Man weiß, dass viele Medizinmänner sich in Trance versetzten, um mit der Welt der Ahnen Kontakt aufzunehmen, manche tun das auch heute noch. Und dabei haben pflanzliche Substanzen (bisweilen auch Pilze) oft eine zentrale Rolle gespielt. Man glaubte durch das Einatmen des Rauchs einer getrockneten Pflanze mit ihrem Geist in Kontakt treten zu können. So wurde wahrscheinlich irgendwann auch die Tabakspflanze getrocknet, angezündet und ihr Geist eingeatmet, vielleicht hat den Medizinmann irgendeine Eigenschaft dieser Pflanze beeindruckt. Die Tabakspflanze enthält jedoch ein starkes Gift, das zunächst auch nichts anderes verursacht als reine Vergiftungserscheinungen. Was der Medizinmann nicht merkt ist, dass während sein Körper dieses Gift abbaut, in ihm ein falsches Hungergefühl entsteht. Hunger wird rein körperlich als ein Gefühl der Unruhe und Leere empfunden (nicht immer begleitet von einem knurrenden Magen). Dieses Gefühl der Unruhe und Leere kann sich wiederum in einer gewissen Reizbarkeit äußern, die eine Reaktion unseres Instinkts ist, der auf die vom Nikotin vorgetäuschte Information reagiert, es existiere echter Hunger. Der Körper braucht ungefähr drei bis vier Tage um das Nervengift Nikotin vollständig abzubauen. So lange hält auch dieses falsche Hungergefühl an, doch es ist sehr schwach, der Indianer nimmt es daher bewusst nicht wahr. Nimmt er die Droge nun ein zweites Mal zu sich, passiert etwas „Angenehmes": er erfährt einen Moment der Entspannung und der Zufriedenheit, das in Wahrheit durch die Ausschüttung **körpereigener** Botenstoffe zustande kommt, und nicht durch das Nikotin selbst. Es ist eine Täuschung zu glauben das Nervengift Nikotin hätte irgendeine angenehme Wirkung auf Körper oder Geist. Das hat es ganz sicher nicht. Es entwickelt sich vielmehr ein imitierter Schlüsselreiz, den unser Instinkt als echten Hunger interpretiert, und er reagiert entweder mit innerer Unruhe (beim Abbau des Nikotins) oder aber mit Entspannung (durch die Wirkung körpereigener Botenstoffe) unmittelbar nach der Einnahme. Diese Scheinbefriedigung des ersten vorgetäuschten Hungergefühls führt dazu, dass man diese Pflanze zu schätzen lernt, und so breitete sich das Rauchen in den indianischen Völkern zunächst aus.

Der Rest ist bekannt. Tabak hielt Einzug in Europa und erfährt seitdem eine stete Verbreitung, heute vor allem in China, Indien und Afrika.

Wir möchten ausdrücklich betonen, dass wir nicht wissen können, ob es sich so oder so ähnlich zugetragen hat mit dem ersten Kontakt von Mensch und Nikotin. Doch wir möchten darauf hinweisen, dass Nikotin keinen Unterschied zwischen einem

Indianer oder einem Bewohner von Castrop-Rauxel macht. Die weit verbreitete, verharmlosende Sichtweise, dass die indianischen Völker aus rein rituellen Zwecken geraucht hätten, und hier sind wir uns sicher, ist falsch. Die berühmte Friedenspfeife kann durchaus so interpretiert werden, dass die Indianer versuchten ihre Entzugserscheinungen zu lindern, damals noch im Kollektiv. Das Beseitigen von Entzugserscheinungen geht bei jeder Droge mit der Erfahrung von innerem Frieden (**Befried**igung) einher. Vielleicht haben so manche Indianer die eine oder andere Streiterei auch provoziert, nur um endlich einen passenden Grund zu haben um eine Friedenspfeife zu rauchen? Das wäre eine völlig absurde Vorstellung. Und doch können sicher viele Nichtraucher, die mit einem Raucher zusammen leben, bestätigen, dass diese bei einem Versuch aufzuhören oft untypischerweise wegen jeder Kleinigkeit Streit anfangen. Irgendwann lenkt der Nichtraucher genervt ein und sagt: *„Jetzt halte ich es nicht mehr aus! Rauch bitte endlich eine Zigarette!"*, und der Raucher ist wieder friedlich.

Irgendwann sind Sie auf die Idee gekommen, sich eine Zigarette anzuzünden. Doch warum hatten Sie diese Idee überhaupt? So gut wie jeder Mensch wächst zwar mit dem Rauchen als gesellschaftliche Selbstverständlichkeit auf, doch jeder wird auch mindestens einmal in seinem Leben gewarnt nicht so dumm zu sein und damit anzufangen, manchmal mit Unterstützung schrecklicher Bilder. Wir weisen jedoch erneut darauf hin, dass die Gefahren, die dem Tabakkonsum anhaften, auf Jugendliche einen gewissen Reiz ausüben. Nicht die Gefahren alleine wirken so reizvoll, sonst kämen sicher viele auf die Idee, Tollkirschen oder Arsen auszuprobieren. Es ist die **Kombination** aus selbstverständlichem Konsum, der von Rauchern in unserer Gesellschaft vorgelebt wird, und den Gefahren, vor denen bereits in der Schule gewarnt wird, die einen verführerischen Reiz ausübt. Es liegt doch auf der Hand: eine Sache, die so gefährlich ist wie das Rauchen - nahezu jeder vierte Konsument stirbt direkt an den Folgen seiner

Nikotinsucht - muss, wenn es so viele überzeugte Anhänger gibt, irgendeinen gewaltigen Vorteil haben, denn **umsonst** würde doch niemand diese horrenden Nachteile in Kauf nehmen, stimmt's? Aber welcher Vorteil könnte das sein? Auf Werbeplakaten liest man über: Genuss („Ich rauche gern"), eine positive Gemütsverfassung („Rauche, staune, gute Laune"), Entspannung („Wer wird denn gleich in die Luft gehen"), Freiheit („libertè toujours"), usw. Auch Raucher selbst äußern bisweilen diese internalisierten Scheinvorteile selbst mit hundertprozentiger Eigenüberzeugung, allerdings seltener vor ihren eigenen Kindern.

Als junger Mensch hat man nicht die geringste Ahnung, dass keine dieser Aussagen stimmt. Dass Persönlichkeiten wie Helmut Schmidt, Kate Moss, Pink, u.v.a., nichts anderes sind als Nikotinabhängige, was anders formuliert bedeutet: **kein einziger dieser beeindruckenden Menschen würde jene erste Zigarette seines Lebens noch einmal rauchen, wenn er diese Wahl denn hätte.** Jeder Raucher bereut diesen Schritt, und jeder Raucher beneidet Nichtraucher, nicht alle finden allerdings den Mut das auch zuzugeben, schon gar nicht öffentlich.

Vor dem ersten Inhalieren existiert ein Moment, in dem der Jugendliche noch nicht richtig weiß, was jetzt zu tun ist. Das Einatmen von Rauch ist ein dermaßen unnatürlicher Vorgang, dass es zu Beginn einer Menge Konzentration bedarf, die innere Hemmschwelle zu überwinden. Es folgt ein Schock, die naiven Erwartungen des Jugendlichen, irgendeine angenehme Erfahrung könne mit diesem Inhalieren von Rauch zu machen sein, wird völlig enttäuscht.

Versuchen Sie sich an Ihre damaligen Gedanken zu erinnern, die Sie nach Ihrer ersten Lungenzugserfahrung hatten. Selbst wenn Ihnen das nicht gelingen sollte, können Sie sicher bestätigen, dass der Gedanke: *„Das war schön, das mach ich gleich nochmal!"* bestimmt nicht dazu gehörte. Während man bewusst eher damit beschäftigt ist, den üblen Geschmack aus dem Mund und von den Händen zu entfernen und dabei hofft, die Übelkeit möge doch recht bald verschwinden, reagiert unser Instinkt im Hintergrund bereits auf das falsche Signal, das während des Nikotinabbaus entsteht. Wir werden für das Nikotin (genauer: den Nikotinabbau) hin und wieder das Bild von einem Kuckuck und seinem aufgesperrten Schnabel verwenden, der einen Schlüsselreiz imitiert, auf den der **Instinkt** des Opfers reagiert.

Stellen Sie sich also vor, dass mit der ersten Kontamination durch das Nikotin ein fremdes Lebewesen (oder eine parasitäre Bewusstseinsform) in ihr Gehirn platziert wurde. Vielleicht haben Sie Schwierigkeiten mit der Vorstellung, in einer chemischen Verbindung eine Form von Bewusstsein zu sehen. An dieser Stelle kann der Hinweis auf Viren nützlich sein, manche Viren bestehen aus extrem wenigen Bausteinen, es gibt keine Organe, keine Atmung, keine Fortpflanzung und keinen Stoffwechsel. Viren enthalten lediglich Informationen, wie man das Opfer so umprogrammieren kann, dass es weitere Viren herstellt, auch wenn der befallene Organismus in Folge dessen stirbt. Wenn Viren die von Biologen entwickelte Definition von „Leben" über den Haufen schmeißen konnten, gibt es keinen rationalen Grund davon auszugehen, dass Viren nun wirklich den Anfang des als „lebendig" bezeichneten Bereichs eindeutig definieren würden. Durchaus möglich, dass es Erscheinungsformen des „Lebendigen" gibt, die nochmals kleiner sind als Viren. Uns geht es jetzt nur darum Ihnen klar zu machen, dass Nikotin – aus welchem Grund auch immer – Ihr Bewusstsein manipuliert. Und das allein zu Ihrem Nachteil!

Der Instinkt lässt ein Gefühl der Unruhe entstehen, wenn er den imitierten Reiz registriert. Dieses Gefühl wiederum soll Sie dazu motivieren, etwas dagegen zu unternehmen. Es ist sehr wahrscheinlich, dass sie zu Beginn unbewusst versucht haben, dieses Gefühl durch Essen loszuwerden. Ganz sicher haben Sie schon beobachtet, wie der Drang zu essen stärker wird, wenn Sie selbst versucht haben, mit dem Rauchen aufzuhören. Die Verwechslung der Entzugserscheinungen mit dem echten Hungergefühl wird an späterer Stelle bei dem Thema Rauchen und Gewicht noch genauer analysiert werden.

Doch warum raucht man nun eine zweite Zigarette? Ganz sicher nicht, weil die erste so gut war. Meistens sind es sehr banale Gründe, warum viele den Griff zur Zigarette ein zweites Mal gewagt haben. Entweder die heimlich erstandene Verpackung war noch voll, oder man ist sich sowieso sicher, dass man von diesem Zeug niemals abhängig werden kann und versucht es ein zweites Mal mit der Hoffnung zu verstehen, was genau am Rauchen denn nun so gut ist. Tatsächlich ist es relativ unerheblich, unter welchen Umständen man nun weiter gemacht hat. Durch ein erneutes Zuführen des Nikotins innerhalb der ersten Abbauphase „belohnt" uns unser Instinkt mit dem Gefühl von Entspannung, das immer mit einer Triebbefriedigung einhergeht. Doch da Nikotin für unseren Körper in Wahrheit hochgiftig ist, wird es schnellstens abgebaut und der falsche Hungerreiz taucht wieder auf. Erneut entsteht das Gefühl innerer Unruhe. Entweder dieses Gefühl verschwindet durch den kompletten Abbau von Nikotin oder aber es wird erneut geraucht. Dieser Prozess, der vom Raucher völlig unbemerkt in dem instinktiv gesteuerten Teil seines Gehirns erfolgt, bildet die Basis für eine weitreichende Veränderung im Bewusstsein, also im Gedankenraum des Opfers. Denn es dauert nicht lange und ein völlig neuer, vorher undenkbarer Gedanke taucht leise auf: *„Ich habe Lust auf eine Zigarette."*

Das wahre Problem ist nicht die Lust, oder wie manche sagen, das Verlangen. Das wahre Problem liegt in dem unscheinbaren Wörtchen **Ich.** Kein Nichtraucher ist in der Lage, diesen Gedanken zu haben: *„Ich würde gerne rauchen".* Deshalb reagieren Nichtraucher oft mit völligem Unverständnis, wenn es darum geht die Probleme eines Rauches zu verstehen. Ohne Nikotin gäbe es diese neuen Ich-Gedanken nämlich überhaupt nicht. Doch genauso wie wir uns nicht wirklich bewusst darüber sind, dass hinter dem **Ich** bei *„Ich habe Lust auf etwas zu essen"* in Wahrheit unser Hunger steckt (der als Überlebenstrieb natürlich ein Teil von uns ist), genauso wenig begreift der junge Raucher, dass er mit diesem **Ich** von „*Ich habe Lust auf eine Zigarette*" eigentlich gar nichts zu tun hat. Genau hier hat sich der Parasit eingeschlichen…

An dieser Stelle nochmal ein beeindruckendes Beispiel aus der Natur:

Der kleine Leberegel ist ein Parasit mit einem erstaunlichen Fortpflanzungszyklus, den wir kurz in groben Zügen beschreiben möchten: Die Leber des Schafs ist das Endziel des Parasiten. Das Schaf scheidet mit seinem Kot Eier aus, die die Larven des Leberegels enthalten und die im Frühsommer zunächst Schnecken befallen. Dort reifen die Nachkommen heran, um irgendwann von der Schnecke in kleinen Bläschen ausgeschieden zu werden, die wiederum von Ameisen gefressen werden. In der Ameise verändert der Parasit nun deren zentrales Nervensystem. Wenn es Abend wird und die Luft kühler, wandert eine gesunde Ameise in ihren schützenden Bau. Die befallene Ameise jedoch wandert auf Grashalme und Blumen hoch. Oben angekommen, kriegt sie einen Beißkrampf und verharrt infolgedessen dort solange, bis es entweder wieder wärmer wird, oder sie wird von einem vorbeiziehenden Schaf einfach mitgefressen. Das Erstaunliche ist, dass dieses abnorme Verhalten von der Temperatur abhängig ist. Ab einer Temperatur von ca. 15 Grad tritt das krankhafte Verhalten der befallenen Ameise auf. Wird es wärmer, verhält sich die Ameise wie andere Ameisen auch, völlig normal. Es ist höchst erstaunlich, wie ein winziger Parasit drei so unterschiedliche Lebensformen wie Schnecke, Ameise und Schaf für eigene Zwecke missbrauchen kann. Woher „weiß" er, wie das geht? Hat er es, wie oft angenommen wird, wirklich nur durch Zufall herausgefunden?

Warum halten wir dieses Beispiel für so erstaunlich? Stellen Sie sich kurz vor, Ameisen könnten denken wie wir und sprechen. Die kranke Ameise geht am Abend plötzlich einen völlig anderen Weg als die anderen.

Ein Freund fragt: *„Was machst du denn da? Warum kommst du nicht mit?"*

Was, glauben Sie, würde die Ameise antworten?

„Nein, ich komme nicht mit, denn ich bin krank und werde von irgendetwas in mir dazu getrieben, diesen Halm hier hochzuklettern", oder vielleicht doch eher *„Nein, **ich** habe keine Lust nach Hause zu gehen. **Ich** will jetzt auf diese Blume klettern."*

„Aber warum willst du machen?"

*„Weil **ich** will."*

„Aber was hast du davon?"

„Ach, das kann man nicht erklären."

„Hast Du keine Angst vor der Dunkelheit?"

„Nein."

Fast könnte man sich vorstellen wie diese Ameise für ihren Mut und ihre „Entscheidung", einen anderen Weg zu gehen als all die anderen Ameisen, bewundert wird.

Dieses Beispiel soll deutlich machen, dass die erfolgreiche Manipulation einer anderen Lebensform davon abhängt, dass diese davon entweder nichts merkt, oder falls sie es merkt, nichts dagegen unternehmen kann.

Zurück zum Rauchen. Am Anfang der Raucherkarriere hat dieses neu entstandene „Ich", das Lust auf eine Zigarette hat, noch relativ wenig Stärke, was einfach daran liegt, dass das vorgetäuschte Hungergefühl – landläufig Entzugserscheinungen genannt – in seiner Ausprägung noch zu gering ist. Es gelingt noch leicht, sobald der Gedanke ans Rauchen kommt, ihn zu unterdrücken, zu ignorieren oder sich das Rauchen einfach zu verkneifen. Der Trugschluss liegt nun in dem Glauben, die Menge der gerauchten Zigaretten hätte einen Einfluss auf unseren Abhängigkeitsgrad (*„Wenn ich nur ab und zu rauche, kann ich nicht abhängig werden"*) In Wahrheit ist es jedoch so, dass der Fremdgedanke *„Ich habe Lust auf eine Zigarette"* schleichend immer wieder auftauchen wird, denn genau dieser Gedanke ist das eigentliche

Symptom der Infektion. Doch genauso wie wir bei Hunger, vorausgesetzt er ist nicht zu stark, das Gefühl haben, völlig freiwillig zu essen, genauso hat der junge Raucher das trügerisch sichere Gefühl zu rauchen, weil er das so will und nicht weil er muss.

Und so beginnt der Raucher regelmäßig, mit noch längeren rauchfreien Zwischenzeiträumen, seiner Lust auf eine Zigarette zu folgen, warum auch nicht?

Währenddessen nimmt die Immunität des Körpers in Bezug auf Nikotin zu. Die Körperzellen entwickeln Mechanismen, um das Gift möglichst schnell wieder auszuscheiden. Die Folge ist, dass weniger Nikotin das Gehirn erreicht und immer schneller aus dem Organismus heraus transportiert wird. Das künstliche Gefühl der Leere, verursacht durch den Nikotinabbau, wird daher nur noch teilweise gemindert. Um auf das Beispiel mit dem Kuckuck zurückzukommen, der Fremdling wird immer größer und lässt sich immer schwerer befriedigen. Der Schnabel wird öfter aufgesperrt, der Instinkt reagiert darauf. Im Bewusstsein taucht der Gedanke *„Ich habe Lust aufs Rauchen“* oder *„Ich habe jetzt Lust auf eine Zigarette“* immer häufiger auf. Mit zunehmender Resistenz, d.h. mit immer größer werdendem falschen Hungersignal ändert sich auch der Inhalt des Gedankens zunehmend von *„Ich habe Lust auf eine Zigarette“*, zu *„Ich will jetzt rauchen“* bis hin zu *„Ich muss jetzt sofort eine Zigarette rauchen, sonst...“* gekoppelt mit der Unfähigkeit diese Gedanken loszuwerden, was typisch ist für einen im Hintergrund wirkenden Triebmechanismus. Deshalb klagen auch viele Raucher bei ihren Versuchen mit dem Rauchen aufzuhören darüber, dass sie an nichts anderes denken konnten als nur ans Rauchen.

Die Entwicklung hin zu der Erfahrung des Rauchen-Müssens, wenn man ganz klar einen inneren Zwang zu rauchen spürt, geht beim Nikotin relativ langsam. Daher vergeht erst ein gewisser Zeitraum, der durchaus ein paar Jahre, manchmal sogar Jahrzehnte, in Anspruch nehmen kann, bevor sich die Manipulation deutlich negativ auf die Lebensqualität des Rauchers auswirkt. In dieser Anfangsphase ist sich der noch junge Raucher felsenfest sicher, er könne aufhören, wenn er wirklich will und wenn er einen triftigen Grund dazu hätte, mit anderen Worten, er sei nicht abhängig. Wie oben geschildert, ist diese Sicherheit deshalb gegeben, weil die Entzugserscheinungen vom Nikotin und das natürliche Hungergefühl zum Verwechseln ähnlich sind. Da wir bei schwachem Hunger das Gefühl haben freiwillig und gern zu essen, geht es Menschen im Anfangsstadium der Raucherentwicklung in Bezug auf Zigaretten genauso. Es gibt einfach für die Betroffenen in diesem Stadium **keinen Grund** auf das Rauchen zu „verzichten".

Dieser Umstand ist die Hauptursache für den äußerst hartnäckigen Glauben eine Abhängigkeit würde sich *entwickeln*. Das einzige was sich entwickelt ist die Größe des Parasiten oder anders ausgedrückt: die Größe des falschen Hungergefühls. Doch von dem Moment an, wo das durch die Manipulation des Nikotins entstandene, falsche „Ich" Einzug in das Bewusstsein des Opfers gehalten hat und der Raucher sich damit identifiziert, also wirklich glaubt dieses „Ich" mit der Lust auf eine Zigarette zu sein, hat man keine Freiheit mehr. Das wird man allerdings erst sehr viel später begreifen.

Fassen wir die wichtigsten Punkte kurz zusammen:

Der Abbau von Nikotin stellt einen imitierten Schlüsselreiz (biochemischer Natur) dar, der unserem Instinkt echten Hunger vorgaukelt. Der Raucher spürt infolgedessen ein leichtes Gefühl der inneren Unruhe. Mit erneuter Aufnahme des Nikotins werden Botenstoffe ausgeschüttet, die ein Gefühl der Entspannung und Ausgeglichenheit entstehen lassen, ganz so wie bei der natürlichen Nahrungsaufnahme auch. Deshalb scheint es dem Raucher nach der Zigarette zunächst besser zu gehen. Die Folge der Ähnlichkeit der Entzugserscheinungen zum natürlichen Hunger ist, dass ein neuer, zunächst kleiner Gedankenraum im Bewusstsein des Opfers entsteht, der die Basis bildet für die neuen Ich-Gedanken in Bezug auf das Rauchen. Die Identifizierung mit diesem „Ich" scheint für uns deshalb selbstverständlich zu sein, weil wir durch den natürlichen Hunger bereits so vorprogrammiert sind. Daher merkt niemand, dass hinter diesen Ich-Gedanken nur das Nikotin steckt. Die sich entwickelnde Resistenz unseres Körpers gegen das Nikotin sorgt dafür, dass die Entzugserscheinungen immer größer werden und somit die Gedanken ans Rauchen häufiger auftauchen.

Sie könnten daher an dieser Stelle ganz bewusst damit beginnen, Ihre Gedanken in Bezug auf das Rauchen genau zu beobachten. Wann immer die Gedanken *„Ich habe Lust auf eine Zigarette"* oder *„Ich muss jetzt rauchen"* auftauchen, ersetzen Sie das Wort **Ich** mit **Etwas in mir**. *„Etwas in mir hat Lust auf eine Zigarette"*, *„Etwas in mir muss rauchen"*, usw. So können Sie bereits jetzt damit anfangen eine Distanz zu schaffen zwischen Ihnen selbst und diesen durch das Nikotin ins Leben gerufenen Fremdgedanken, mit denen Sie sich vor vielen Jahren identifiziert haben. Wenn Sie möchten, können Sie diesem „Etwas" auch ein Gesicht geben (z.B. irgendein Monster, Bandwurm), nehmen Sie am besten irgendein Bild, das mit unangenehmen Gefühlen verbunden ist.

Während in der ersten Phase das Gefühl vorherrscht zu rauchen, weil es uns gefällt - denn warum sonst sollte man Lust auf eine Zigarette verspüren? - verwandelt sich dieses Gefühl langsam immer mehr in das Zwangsgefühl rauchen zu müssen. Die Entwicklung kann soweit voranschreiten, dass man seine eigenen Gedanken erst dann wieder für andere Zwecke einsetzen kann, wenn man vorher die Gedanken des Raucher-Ichs befriedigt hat, die je nach Resistenzgrad, also Entzugsstärke, in Kombination mit bestimmten Situationen (genauer: der vorhanden Möglichkeit zu rauchen), in ihrer Hartnäckigkeit variieren können.

Ziel dieses Kapitels war es Ihnen deutlich zu machen, dass es sich beim Rauchen nicht um eine Tätigkeit handelt, für die Sie sich bewusst entschieden haben. Es handelt sich in Wahrheit um eine ernst zu nehmende Krankheit, an der sich leider nicht wenige Menschen heutzutage eine goldene Nase verdienen.

10. <u>Manipulation</u>

In den folgenden Kapiteln werden wir nun die typischen Entwicklungsstadien der Nikotinsucht beschreiben. Dabei möchten wir erneut betonen, dass es sich beim Rauchen in Wahrheit um eine Krankheit handelt, die mit der Einnahme von Nikotin ins Leben gerufen wird. Die Nikotinsucht verläuft dabei in typischen Phasen. Wir werden Ihnen aufzeigen, wie sich der Gedankenraum eines Rauchers in jeder dieser einzelnen Phasen typisch verändert und wie das Raucher-Ich immer mehr Aufmerksamkeit des Opfers beansprucht. Ziel dieser ganzen Erläuterungen soll es sein, Ihnen als Raucher zu zeigen, dass die Gedanken eines Raucher-Ichs in typische Gruppen eingeteilt werden können. Dies kann Ihnen dabei helfen die vom Nikotin manipulierten Gedankengänge leichter von Ihren eigenen Gedankengängen zu unterscheiden.

Das Land Nord-Korea kann diesen Punkt etwas genauer verdeutlichen:
Die seit drei Generationen andauernde Diktatur hat dieses Land völlig verarmen lassen. Die Bevölkerung lebt in einem erbärmlichen Zustand, der eine Folge der Misswirtschaft der kriminellen Führung dieses Landes ist. Nun könnte man meinen, dass im Hinblick auf das bereits Jahrzehnte andauernde Leid der Bevölkerung doch so mancher aufwachen würde. Vielleicht ist das auch so und wir kriegen es nur nicht mit, weil diese Abweichler

schnell beseitigt oder mundtot gemacht werden. Was uns aber wirklich verblüfft ist die von vielen Nordkoreanern empfundene Verehrung der Führung. Nachdem der „ewige" Führer gestorben war, übernahm sein Sohn, der „geliebte" Führer, das Land. Drei Jahre wurde die Trauer um den Tod des ewigen Führers immer wieder angefacht. Die Menschen schlugen sich an die Brust und heulten steinerweichend. Der geliebte Führer starb einige Jahre später an einem Schlaganfall. Die Propaganda behauptete, dass an diesem Tag die Wolken in Form von Blumen über den Himmel zogen und dass die Vögel weinten. Für uns sind das offensichtlich Märchen. Reporter, die dieses Land unter enormen Restriktionen bereisen dürfen, berichten immer wieder betroffen von der Anbetung des Führers durch die eigene Bevölkerung. Diese Verehrung ist nicht gespielt. Teilweise fangen Nordkoreaner an vor Rührung zu weinen, wenn sie davon erzählen, wie irgendeiner dieser Führer ihnen zufällig einmal begegnet ist. Tatsächlich haben die meisten Menschen Nordkoreas ihren Führer überhaupt noch nie zu Gesicht bekommen. „Der General ist rastlos und schläft fast nie." Diese Aussage wird von Nordkoreanern ständig wiederholt, wenn sie gefragt werden, wo der Führer denn gerade ist. Die Menschen dort glauben, er würde ohne Unterlass für das Wohl des Volkes arbeiten. Und eines Tages, irgendwann in der Zukunft, wird sich diese Arbeit für das Volk auszahlen, und all die Entbehrungen werden ein Ende haben. Eines Tages, wenn die Feinde besiegt sind, dann wird alles besser. Wir „aufgeklärten" Menschen wissen, dass diese Zukunft nicht existiert. Und warum wissen wir das? Weil wir freien Zugang zu anderen Informationen haben.

Der Punkt um den es nun geht ist folgender: die Menschen Nordkoreas wurden offensichtlich von Geburt an einer Gehirnwäsche unterzogen. Dabei spielt auch dort das Kino eine wichtige Rolle. Kaum ein Film in dem die Führung oder die Opferbereitschaft der Bevölkerung aus Liebe zur Führung nicht Thema ist, hinzu kommt die intensive Indoktrinierung in den Kindergärten und Schulen. Das erschreckende Resultat dieser Praxis sind Menschen, die geistig versklavt sind, die in ihren Köpfen nur ein Programm haben, das auf bestimmte Reize hin abgespult wird.

Es wäre vermessen und arrogant die Bevölkerung für ihre tief empfundene Verehrung ihrer Führung zu belächeln. So offensichtlich viele der Widersprüche für uns auch sind, an die ein Großteil dieser Menschen mit Innbrunst glaubt, ist es wichtig sich klar zu machen, dass Nordkoreaner aus sich selbst heraus nicht in der Lage sind das zu erkennen. Und das wiederum ist ein Grunddilemma eines jeden Menschen in unserer heutigen Zeit, egal wo er aufgewachsen ist.

Die wichtige Frage lautet: woran kann man erkennen, dass Gedanken und Sichtweisen, die man in seinem Kopf gespeichert hat, auch wirklich die eigenen sind und eben nicht solche, die auf eine Manipulation zurückgehen?

Versuchen Sie kurz über folgende Frage nachzudenken: wie würden Sie einem Nordkoreaner klar machen, dass er sein Leben lang angelogen wurde? Denken Sie nicht auch, dass er zunächst aggressiv reagieren würde bei Ihrem Versuch die Führung so darzustellen, wie sie wirklich ist? Können Sie sich die Unsicherheit in ihm vorstellen, sollten Sie es tatsächlich schaffen sein Weltbild einstürzen zu lassen?

Was, glauben Sie, ist besser: ihn in seinem illusionären Zustand verweilen zu lassen, der ihm das Gefühl von Sicherheit verleiht, oder ihm seine Illusionen zu rauben, dafür aber Gefühle von Schock, Leere und Orientierungslosigkeit in ihm zu riskieren? Welche der beiden Alternativen wären Ihnen denn lieber, wenn Sie sich vorstellen, Sie wären Nordkoreaner? Würden Sie die Wahrheit wissen wollen?

Es ist denkbar, dass Sie bei sich selbst der Meinung sein könnten, mit den Illusionen zu leben sei einfacher. Sollten Sie jedoch aufgefordert werden, eine solche Entscheidung für Ihre Kinder zu treffen, steht fest: jeder würde sich für seine eigenen Kinder die geistige Freiheit wünschen, auch wenn man sich dazu von ihnen trennen müsste. Wir wollen nicht, dass unsere Kinder durch Lügen zu Sklaven gemacht werden, weil wir sie lieben und ihnen ein möglichst glückliches Leben wünschen. Deshalb sind die Sprösslinge der jeweiligen großen Führer Nordkoreas immer im Ausland zur Schule gegangen und nicht im eigenen manipulierten Schulsystem.

Kommen wir wieder zurück zum Rauchen. Sollten Sie Raucher sein, dann ist es sehr wahrscheinlich, dass sie den Vergleich zwischen Rauchern und Nordkoreanern sehr übertrieben finden werden, vielleicht reagieren Sie darüber sogar verärgert. Dabei ist ein Pauschalvergleich als solcher auch gar nicht beabsichtigt. Wir können etwas Wichtiges lernen, wenn wir dieses Land und seine leidenden Menschen aufmerksam beobachten: die Unfähigkeit zur Distanz seinen „eigenen" Gedanken und Gefühlen gegenüber. Und genau das ist das gleiche Problem, das Raucher haben. Was genau sind Ihre **eigenen** Gedanken und Ihre **eigenen** Gefühle in Bezug auf das Rauchen?

Glauben Sie, dass Sie aus eigenem Wunsch Raucher geworden sind? Versuchen Sie sich daran zu erinnern, wann genau Sie diese Entscheidung getroffen haben. Wenn Sie glauben, Raucher aus freiem Willen zu sein, wünschen Sie sich für Ihre Kinder das gleiche?

Versuchen Sie sich bitte nun eine schöne Rauchersituation vorzustellen: Freunde, ein Grillabend, herrliches Wetter, etc. Stellen Sie sich weiter möglichst genau vor, wie Sie in einer solchen Situation entspannt und genüsslich an einer Zigarette ziehen. Welche Gefühle entstehen in Ihnen bei diesem Bild?

Nun stellen Sie sich vor, eines Ihrer Kinder würde in dieser Situation eine Zigarette rauchen, bleibt das Gefühl dann das Gleiche? Mit anderen Worten: würden Sie sich für Ihr Kind freuen, dass es in dieser schönen Umgebung eine Zigarette raucht?

Wie macht man jemandem bewusst, dass er manipuliert wurde oder noch wird? Um eines völlig klar zu stellen: Wir wollen Ihnen nicht erzählen, wie krank das Rauchen Sie macht, wie viel Geld Sie unnötig ausgeben, dass das Rauchen Ihnen nichts bringt und dergleichen mehr, dass es Ihnen besser gehen wird, wenn Sie aufhören. Über Dinge zu schreiben, die heute wirklich jeder Raucher weiß, macht überhaupt keinen Sinn, und ist mit Sicherheit **nichts Neues!** Sollten Sie jedoch Raucher sein, dann gibt es **ganz sicher** eine Sache, die Sie nicht verstehen: **warum** das Wissen um die Sinnlosigkeit des Ganzen Sie nicht vom Rauchen abhalten kann.

Sowohl die Bevölkerung Nordkoreas als auch Raucher werden durch das Gefühl von Angst in ihren Entscheidungen beeinflusst. Die Versklavung von Menschen wird dann besonders einfach, wenn man es schafft, Ängste in den Opfern zu erzeugen, die scheinbar nur vom Versklavenden selbst reduziert oder beseitigt werden können. So werden auch heute noch diverse Abhängigkeitskonstellationen geschaffen. Und genauso, wie nicht jeder Nordkoreaner sich dieser Angst bewusst ist, die nur dazu dient ihn auszubeuten, genauso spüren auch nicht alle Raucher die Macht der Angst in ihrem Gefängnis. Bewusst wird sie einem Raucher erst dann, wenn er **wirklich** die Absicht hat, mit dem Rauchen aufzuhören oder wenn ihm seine Zigaretten plötzlich ausgehen. Doch **wovor** hat ein Raucher dann eigentlich Angst? Viele Raucher spüren heutzutage die natürliche Angst vor den schrecklichen Krankheiten, die man sich durch das Rauchen zuziehen kann, doch diese Angst schafft es kaum in den Entscheidungen eines Rauchers von wirklich handlungsrelevanter Bedeutung zu sein. Die Angst vor dem Aufhören bleibt größer, und genau deshalb bleibt der Raucher ein Raucher. Er hat Angst davor, **etwas Wichtiges in seinem Leben zu verlieren**, sei es seine kleine Krücke bei Stress oder das i-Tüpfelchen bei einem Glas Rotwein oder einer Tasse Kaffee - oder er hat Angst, es niemals zu schaffen mit dem Rauchen aufzuhören - oder er hat diese beiden Ängste zusammen. Diese Ängste sind stärker als der rationale Verstand eines Rauchers, der genau weiß, dass er als Nichtraucher viel besser dran wäre. **Aber warum?**

11. <u>Das mentale Immunsystem</u>

Jede Krankheit muss erst das Immunsystem überwinden, bevor sie sich in einem Organismus ausbreiten kann. Das menschliche Immunsystem, das sich über einen Zeitraum von vielen Millionen Jahren entwickelt hat, ist eine Meisterleistung der Evolution. Der absolute Großteil von Erregern, mit denen wir tagtäglich konfrontiert werden, wird von unserem Immunsystem entweder beseitigt oder sogar genutzt. Diese Leistung unseres Körpers wird einem erst dann so richtig bewusst, wenn etwas nicht funktioniert. AIDS, eine Krankheit, die gezielt das Immunsystem angreift und schwächt, zeigt was passiert, wenn unsere Abwehr nicht mehr richtig arbeiten kann. Tatsächlich stirbt man nicht direkt an dem AIDS-Erreger selbst, sondern an den Folgekrankheiten, die sich ab einem gewissen Stadium der Krankheit ungebremst ausbreiten können. Wenn ein Immunsystem also perfekt funktionieren würde, dann hätte kein Erreger eine Chance.

Sie kennen sicher einige dieser Horrorszenarien, die manchmal beim Thema Rauchen zu Abschreckungszwecken gezeigt werden. Eine sehr beeindruckende Szene handelt von einem Mann, der nach der Lungentransplantation aus der Narkose aufwacht und als erstes seiner Frau zu erkennen gibt, dass er unbedingt eine rauchen möchte. Oder Raucher, die aufgrund einer Kehlkopfkrebs-Erkrankung Zigaretten durch eine Klappe am Hals rauchen und mit einem an die Stimmbänder gedrückten Mikrofon versuchen Kinder vor den Gefahren des Rauchens zu warnen. Spätestens jetzt wird offensichtlich, dass es sich beim Rauchen um eine Form von Krankheit handeln muss.

Doch Sie sind nicht aufgewachsen mit dem Bild, dass Rauchen eine Krankheit ist. Wenn Sie sich einen Moment Zeit nehmen und in ihrer Erinnerung Filme oder auch ganz normale Fernsehsendungen von früher durchgehen, dann wird Ihnen auffallen, dass das Rauchen darin stets als ein ganz **normaler** Zeitvertreib dargestellt wird. Rocky raucht, Rambo raucht. Selbst Comics dienen dazu, das Rauchen als ganz normale Verhaltensweise darzustellen, das bekannteste Beispiel Lucky Luke. Richard Branson, Robert Redford, Faye Dunaway, Sigourney Weaver und Hunderte andere Persönlichkeiten sind in Ihrem Unterbewusstsein rauchend gespeichert, und alle erwecken den Eindruck sie würden rauchen, weil es einen oder einige gute Gründe dafür gibt. Die Fülle dieser Bilder von rauchenden Menschen in Ihrer medialen und auch realen Umgebung ist ein wichtiger Faktor, der dazu beiträgt, dass Sie das Rauchen als ein ganz normales Verhalten empfinden. Zumindest deutlich normaler als den Konsum von Kokain.

Wenn eine Krankheit als Hinweis auf eine Schwäche des Immunsystems begriffen werden kann, welche Art von Schwäche könnte dann der Krankheit Nikotinsucht zugrunde liegen? Unser Immunsystem funktioniert bestens beim Inhalieren der ersten Zigarette. Wir müssen husten, uns wird schwindelig und schlecht, das Immunsystem wird sofort alles Nötige veranlassen, um das Gift aus dem Körper auszuscheiden und die vom Rauch zerstörten Zellen zu ersetzen. Tatsächlich verfügen die meisten Raucher über ein exzellent arbeitendes Immunsystem, sonst würden Sie diese anhaltende Vergiftung nicht sehr lange überleben.

Vielleicht wäre es hilfreich sich vorzustellen, dass es auch so etwas wie ein mentales Immunsystem gibt, das uns über unsere Gene über viele Generationen hinweg vererbt wurde. Und das, wenn es geschwächt wird, ebenfalls anfällig wird für Fehler, genauer gesagt: für Fehlinformationen. Es wäre denkbar, dass dieses mentale Immunsystem die Aufgabe hätte, schädliche Informationen (die dem Überleben nicht nutzen) von nützlichen Information (die dem Überleben förderlich sind) zu unterscheiden. Mittlerweile prasseln Informationen in ähnlicher Masse auf uns ein wie Bakterien oder Viren. Nicht umsonst spricht man heutzutage von einer Informationsflut, und es ist für viele Menschen sehr schwer geworden, sich darin noch zu orientieren. Durch das Internet hat sich diese Informationsflut exponentiell vergrößert. Es ist sehr leicht geworden sich zu informieren und es ist ebenfalls sehr leicht geworden festzustellen, dass sich viele Informationen zu einem Thema oft widersprechen. Man kann sich kaum noch auf eine bestimmte Expertenmeinung verlassen, da es nicht lange dauert und eine andere Expertenmeinung mit völlig gegenteiliger Aussage wird veröffentlicht, die von entsprechenden Studien untermauert ist. Natürlich liegen den inhaltlich konkurrierenden Expertenmeinungen auch finanzielle Interessen zugrunde, meist gelenkt von Akteuren, die im Hintergrund bleiben. Wenn wir eine Parallele ziehen wollten zwischen Nordkorea und unserer „aufgeklärten" westlichen Welt, dann diese: während die Menschen Nordkoreas größtenteils blind den erfundenen, indoktrinierten Geschichten ihrer Führung Glauben schenken, so schenken westlich geprägte Bürger ihren Glauben allzu leicht Expertenmeinungen, Studien und Diagrammen, und dies in ganz besonderem Maße in medizinischen Belangen. Es bleibt den meisten auch oft einfach nichts anderes übrig. Es ist keine zentral gesteuerte Diktatur, nichtsdestotrotz ist es in vielen Fällen erschreckend blinde Gefolgschaft, die sich abzeichnet, und das nicht nur bei den Patienten. Und es wäre äußerst naiv anzunehmen, dass es dabei nicht nur um eines ginge: reinen Profit.

Dieses in unserem Innern verankerte, mentale Immunsystem könnte die Erklärung dafür sein, warum sich z.B. Diktaturen nicht ewig halten, warum die Nazis nur begrenzt erfolgreich waren, der Ostblock zusammengebrochen ist und warum kein Raucher will, dass seine eigenen Kinder rauchen. Eine Triebkraft scheint unser Drang nach Freiheit zu sein. Vielleicht wäre ein besserer Ausdruck für dieses Immunsystem auch einfach Intuition.

Die Intuition ist eine angeborene Fähigkeit mit einer handlungsleitenden Funktion, doch nicht jeder ist heutzutage noch in der Lage von dieser Fähigkeit Gebrauch zu machen. Die meisten Menschen spüren z.B. intuitiv, dass Gewalt gegen Kinder keine Lösung für familiäre Konflikte sein kann. Doch erst seit relativ kurzer Zeit wird in unserer Gesellschaft dieses Wissen auch praktisch umgesetzt. Über viele Generationen hinweg wurden Kinder körperlich teilweise auf brutalste Weise gezüchtigt, die Intuition wurde in diesem Fall von indoktrinierten Ansichten überdeckt. Und meist werden diese falschen Ansichten solange weitergegeben, bis das dadurch entstandene Leid die Menschen dazu zwingt, die dem Verhalten zugrunde liegenden Überzeugungen in Frage zu stellen.

Gewalt in der Kindheit, ausgeprägter Mangel, sei es an Nahrung oder an Liebe, Stress durch Erwartungsdruck seitens der Familie oder des Arbeitgebers könnten Faktoren sein, die zu einer Beeinträchtigung dieser intuitiven Fähigkeit beitragen. Diese Annahme liegt nahe, da man weiß, dass diese Belastungen nicht selten auch mit dem Ausbruch körperlicher Krankheiten korrelieren. Bei den meisten Menschen ist die Fähigkeit sich auf ihre Intuition zu verlassen zu einem kümmerlichen Überbleibsel einer im Grunde äußerst starken Abwehr geworden. Das hat sehr wohl damit zu tun, dass uns in vielen Fällen eingeredet wird, nur ein Experte könne das entsprechende Problem wirklich lösen.

Jedes Kind spürt intuitiv, dass dem Rauchen etwas Unnatürliches anhaftet. Ein Raucher schilderte vor kurzem in einem Kurs, dass seine 8-jährige Tochter anfing zu weinen, als sie herausfand, dass ihr Papa wieder raucht.

Auch wenn es vermehrt den Anschein hat, dass das Rauchen aus vielen Bereichen des Lebens verschwunden ist, sollte man sich im Klaren darüber sein, dass das in der medialen Welt, also in Kino, Film und Fernsehen nach wie vor nicht der Fall ist. Geschickt werden Idole der jüngeren Generation als Werbeträger der Zigarettenindustrie benutzt. In zahlreichen aktuellen Musikvideos sind nicht zufällig rauchende Stars zu sehen. Die Fülle dieser Bilder führt bereits bei jungen, noch nicht rauchenden Menschen zu der Überzeugung, Raucher rauchten freiwillig, und das aus purem Genuss oder Vergnügen. Ab einem bestimmten Entwicklungsstadium haben Altersgenossen einen wesentlich größeren Einfluss auf die Meinungsbildung von Jugendlichen als Eltern.

Daher ist es sehr wahrscheinlich, dass fast jedes Kind im Laufe seines Erwachsenwerdens mit dem Rauchen direkt in Berührung kommen wird.

Es kommt der Moment seine erste Zigarette zu probieren…

12. <u>Die erste Zigarette</u>

Niemand, der seine erste Zigarette raucht, hat in diesem Moment die bewusste Absicht ein lebenslanger Raucher zu werden. Man ist einfach neugierig darauf, wie sich das Rauchen wohl anfühlt. Schließlich erwecken andere Raucher den Anschein sie würden es genießen. Erstaunlich ist, dass dieser Glaube nach der ersten Zigarette weiter bestehen bleibt, obwohl alle Raucher die Erfahrung machen, wie schrecklich das erste Inhalieren ist. Viele sind der Meinung, dass man den Genuss von Tabak eben erst erlernen müsse. Aber: kann man das Eindringen von giftigem Rauch in die Lunge **wirklich** genießen?

Die meisten Menschen wissen heutzutage nicht mehr, dass man zu Beginn der industriellen Zigarettenproduktion den Menschen regelrecht beibringen musste wie man inhaliert. Es gibt zahlreiche Werbeplakate und Werbespots aus den 30-er und 40-er Jahren, die genau vorführen, wie man den Rauch einatmen muss. Ein deutscher Werbespot einer mittlerweile unbekannten Zigarettenmarke endete mit dem Slogan: „*Nur Affen paffen*".

Vielen ist auch nicht bewusst, dass dieser lange Aufsatz auf den Zigaretten der Dame von Welt, den man aus manchen alten Filmen kennt, nie aus ästhetischen Gründen erfunden wurde. Die Zigaretten hatten damals keinen Filter und deshalb war die erste Inhalation wesentlich qualvoller als heute. Vor allem Frauen haben sich damit sehr schwer getan. Die Tabakindustrie erkannte schnell, dass Raucher, die den Rauch lediglich paffen deutlich weniger konsumieren als die, die den Rauch inhalieren. Durch die Auswahl geeigneter Werbeikonen (Marlene Dietrich, Lauren Bacall, etc.) gelang es, diesem Filter das Image eines eleganten Accessoires aufzukleben, auf den die Frauen tatsächlich massenweise hereingefallen sind. Der wahre Grund für die Entwicklung dieses langen Filters war nie die Ästhetik, sondern den Frauen das „Erlernen" dieses Genusses zu erleichtern. Heute ist der Glaube an den Genuss des Rauchens tief in den Köpfen unserer Gesellschaft verankert, egal ob bei Mann oder Frau. Sogar Nichtraucher sind davon überzeugt, dass für einen Raucher der Genuss existiert, auch wenn sie sich nicht vorstellen können, was genau daran schön sein soll. Durch diese über Generationen hinweg bereits auf den Menschen einwirkende Informationsmanipulation ist die natürliche, instinktiv in uns verankerte Abneigung Rauch einzuatmen bereits leicht überdeckt, aber noch nicht verschwunden. Doch man zwingt sich, dieses Gefühl bei seiner ersten Zigarette zu ignorieren und konzentriert sich auf den unnatürlichen Vorgang des Inhalierens. Die heftige Reaktion des Körpers unterstreicht jedoch die unbewusste Annahme, dass der Rauch giftig und schlecht für uns ist. Von Genuss beim ersten Mal keine Spur, bei niemandem.

Sei es bewusst oder unbewusst: die Schlussfolgerung, die jeder junge Mensch aus dieser unangenehmen Erfahrung zieht, lautet: *„Davon werde ich bestimmt nicht abhängig"*. Würde man diesem Menschen erzählen, dass er am Ende seines Lebens bereit sein wird, sich eher ein Bein abnehmen zu lassen als mit dem Rauchen aufzuhören, würde man von ihr als Spinner abgestempelt.

Eine ehemalige Raucherin berichtete:
„Meine Freundin und ich kamen eines Tages auf die Idee heimlich zu rauchen. Es war zunächst aufregend, weil es verboten war. Das erste Inhalieren war wie ein Schock für mich; dass es so schlecht sein würde, damit hatte ich überhaupt nicht gerechnet. Trotzdem machten wir damit weiter. Nach dem Rauchen war mir

oft fürchterlich übel und ich musste immer irgendetwas essen, um den schrecklichen Geschmack loszuwerden.

Eines Tages stellte ich vor dem Rauchen zufällig fest, dass ich ein Mentholbonbon in der Tasche hatte. Zu dieser Zeit fand ich diese Bonbons noch schrecklich. Ich hatte die Idee es zu lutschen, während ich mir eine anzündete. Ich werde nie die Freude vergessen, die ich in diesem Moment empfand. Strahlend drehte ich mich zu meiner Freundin und sagte zu ihr: 'Wahnsinn, mit Bonbon schmeckt die Zigarette richtig gut' Seitdem stellte ich sicher, dass ich immer etwas zum Lutschen dabei hatte, wenn ich rauchen wollte. Selbst heute ist das noch so."

Hat diese Frau nun den Genuss des Rauchens erlernt oder eher einen Weg gefunden, den üblen Geschmack zu umgehen?

Der Glaube an den Genuss beim Rauchen ist in dieser Phase deshalb so gefährlich, weil sich der junge Mensch durch ihn in Sicherheit wiegen kann: *„Ich genieße das Rauchen nicht wirklich, also kann ich auch nicht davon abhängig sein."* Das Gefühl der Sicherheit, das diesen Gedanken begleitet, ist zunächst der einzige Grund, warum man mit dem Rauchen weitermacht. Der zweite Grund entwickelt sich vom Raucher unbemerkt und stellt die nächste Phase der Nikotinsucht dar.

13. <u>Genuss</u>

Wegen seiner hochtoxischen Eigenschaften wird das Nikotin vom Körper schnellstmöglich wieder abgebaut, worauf im Gehirn infolgedessen ein vorgetäuschter Hungerreiz entsteht, auf den unser Instinkt reagiert. Durch die erneute Aufnahme von Nikotin werden Botenstoffe ausgeschüttet, die das gleiche Gefühl der Befriedigung entstehen lassen, das wir empfinden, wenn wir etwas gegessen haben. Unbewusst fallen wir ab diesem Zeitpunkt auf die Illusion herein, dass eine Zigarette das Hungergefühl beseitigen kann.

Damit beginnt die Manipulation des Gedankenraums durch die hungerimitierende Eigenschaft des Nikotins auf der einen Seite und mithilfe der manipulierten Informationen, mit denen wir von Kindesbeinen an in Bezug auf das Rauchen aufgewachsen sind, auf der anderen. Wie wir bereits beschrieben haben, können unsere Triebe unbewusst auf unsere Gedanken einwirken. Die Verbindung dieser beiden völlig unterschiedlich arbeitenden Systeme erfolgt sehr oft durch das Wort „Ich". Wenn Sie schon einmal gesehen haben, wie in gewissen Teilen Afrikas dicke Maden genüsslich verspeist werden, haben Sie sich vermutlich gedacht: *„Ich würde das niemals machen"*, untermalt mit einem recht ausgeprägten Gefühl des Ekels. Der Afrikaner hat jedoch bei dem Anblick dieser Maden den Gedanken: *„Ich habe Lust darauf"*, begleitet von einem Gefühl der Vorfreude. Es ist in diesem Zusammenhang äußerst wichtig zu verstehen, dass diese Gedanken in Bezug auf verschiedene Nahrungsmittel nicht zu 100% Ihre bewusste Wahl sind. Diese Ich-Gedanken sind Teil eines bereits zu unserer Geburt vorhandenen Konstrukts, das einfach durch die Gesellschaft, in der wir aufgewachsen sind, mit Informationen gefüllt wird und mit denen wir uns identifizieren. Das wäre auch nicht weiter der Rede wert, wenn so manche Gesellschaft jungen Menschen nicht Informationen einimpfen würde, die einfach falsch sind.

Glauben Sie z.B. wirklich, es sei viel ekliger Maden zu essen als zu rauchen? Nehmen Sie sich einen Moment Zeit darüber nachzudenken, denn eines steht fest: Im Falle einer Hungersnot kämen Sie mit den Maden deutlich weiter als mit den Zigaretten. Der krasse Unterschied, der gefühlsmäßig zwischen den beiden Beispielen für Sie höchstwahrscheinlich besteht, ist **nur** auf die Gesellschaft zurückzuführen, in der Sie aufgewachsen sind.

Das Nikotin (oder die Tabakspflanze) macht sich diesen Mechanismus für die Entstehung eines neuen Ichs zunutze, das wir das Raucher-Ich nennen. Kurze Zeit nach den ersten gerauchten Zigaretten beginnen sich die Gedanken des Opfers zu verändern. Der neue, vorher noch nie dagewesene Gedanke *„Ich habe Lust auf eine Zigarette"* taucht irgendwann auf. Das gefährliche an diesem Gedanken sind zwei Punkte:

1. Man kann ihn genauso gut wieder ignorieren und spürt dabei nicht die geringste Beeinträchtigung. Von Abhängigkeit kann also nicht die Rede sein, daher wittert niemand eine Gefahr.

2. Er ist leicht untermalt mit einer gewissen Vorfreude, die dem Hungermechanismus entlehnt ist. Diese Vorfreude wiederum verleitet zu einem gewaltigen Irrtum: das Opfer beginnt dadurch zu glauben, es würde wirklich irgendeinen Gefallen am Rauchen finden, denn warum sonst würde man sich auf eine Zigarette freuen.

Die eben beschriebenen zwei Aspekte des zweiten Stadiums sind der Hauptgrund, warum die Überzeugung entstanden ist, eine Abhängigkeit von den Zigaretten würde sich *entwickeln*. Sein Raucherleben lang wird der in die Abhängigkeit geratene Raucher sich nämlich wünschen, zu diesem Anfangsstadium zurückkehren zu können, in dem man rauchte wenn man Lust dazu hatte und nicht weil man musste. Die Identifizierung mit dem falschen Ich, das durch das Nikotin ins Leben gerufen wurde, stellt in Wahrheit die Abhängigkeit dar. Doch aufgrund der lebenslang auf uns einwirkenden Gehirnwäsche, wie z.B. durch das HB-Männchen, John Wayne oder Popeye, halten wir diese Gedanken von Anfang an für völlig normal und vor allem für **unsere eigenen.**

Bleiben wir zunächst bei dem weit verbreiteten Glauben, Rauchen biete Genuss.

Wenn man Raucher fragt, doch bitte genau zu schildern, **was** ihnen am Rauchen so sehr gefällt, fällt auf, dass sie diese Frage nie direkt beantworten. Raucher können zwar lebhaft beschreiben, wann sie das Rauchen genießen, auf dem Balkon, mit Freunden, in der Pause, etc., doch sie sprechen dabei nie vom Rauchen selbst.

Versuchen Sie folgendes: stellen Sie sich zunächst eine schöne Situation vor, in der Sie glauben, das Rauchen einer Zigarette wirklich zu genießen. Versuchen Sie dann bitte, wenn möglich, diese Situation herzustellen. Nehmen wir vielleicht als Beispiel die berühmte gute Zigarette zum Kaffee. Setzen Sie sich mit Ihrem Kaffee in eine schöne Umgebung (Balkon oder Garten) und rauchen Sie eine dieser Genusszigaretten. Während Sie das tun, konzentrieren Sie sich bitte stets auf die Frage: *„Was genau gefällt mir in diesem Moment am Rauchen dieser Zigarette?"* Spüren Sie den Rauch in der Lunge, in Ihrem Mund und prüfen Sie ganz bewusst den Geschmack und Geruch. Lesen Sie bitte **danach** erst weiter.

Nachdem Sie diese „besondere" Zigarette geraucht haben, beantworten Sie bitte folgende Frage: Was genau hat Ihnen **am Rauchen** gefallen? Wir möchten erneut betonen, nicht Aspekte der Situation zu beschreiben, wie z.B. die bequeme Sitzgelegenheit, sondern nur den Vorgang des Rauchens selbst. Was ist schön daran, Zigarettenrauch in die Lunge zu ziehen? Wir behaupten: in jedem **jetzigen** Moment, in dem man ganz bewusst eine Zigarette raucht, ist kein Genuss vorhanden. Woher auch?

Aber warum haben Raucher dann das Gefühl, wenn Sie an solche Situationen denken, Sie würden es genießen?

Wenn man irgendeine Verletzung oder etwas anderes Unangenehmes erlitten hat, Sie haben sich z.B. ausversehen mit dem Hammer auf den Daumen geschlagen oder Sie erinnern sich nochmal an die erste Zigarette Ihres Lebens, kann man in seiner Erinnerung nicht das Gefühl entstehen lassen, dass es schön war. Wenn also Raucher eindeutig in der Lage sind, sowohl in der Vergangenheit als auch in der Zukunft an Situationen zu denken, in denen Sie ganz sicher das Rauchen entweder genossen haben oder genießen würden, dann **muss** doch irgendeine Form von Genuss existieren, so die Logik.

Man kann dem Genuss beim Rauchen vielleicht besser auf die Schliche kommen, wenn wir uns einen dieser Tage vorstellen, an denen ausgesprochen viel schiefläuft. Schauen wir uns einen etwas hektischen Tagesablauf von Frau Meier an:

Es ist Vorweihnachtszeit, Frau Meier hat vergessen, eine Kleinigkeit einzukaufen und muss nach der Arbeit noch schnell in den Supermarkt. Die Arbeit selbst war heute eine Katstrophe, der Chef hat sie ungerechtfertigter Weise angeschnauzt, Sie wurde von einer Kollegin hässlich gemobbt, und sie hat einen Kunden verärgert. Morgen wird es da wohl wieder eine Rüge vom Chef geben.

Im Supermarkt ist es gerammelt voll, überall stapeln sich Weihnachtsartikel, sie steht mit ein paar Kleinigkeiten genau in der Schlange, in der es nicht vorwärts geht, weil irgendein Kunde Unterwäsche umtauschen will und extra Ansprüche hat, die die Verkäuferin wortlos berücksichtigt, auch wenn sie dabei drei Mal ihren Platz verlassen muss. Man wartet und reißt sich zusammen. Endlich geht es weiter. Frau Meier ist dran, sie stellt ihre Artikel aufs Band, die Kassiererin ist dermaßen schnell, dass Frau Meier mit dem Eintüten nicht nachkommt. In der Hektik fällt ihre Geldbörse auf den Boden, in der Schlange stöhnt jemand genervt. Frau Meier bezahlt, geht ins Auto und merkt, dass ihr der Joghurt in der Tüte aufgeplatzt ist, alles ist jetzt mit Joghurt verschmiert.

Nachdem sie auf dem Nachhauseweg fast jemanden umgefahren hat, betritt sie die Wohnung und will nur eines machen: rauchen. **In Ruhe** *eine rauchen. Sie weiß, dass der Rest der Familie erst in einer halben Stunde nach Hause kommt. Sie hat also ganze 30 Minuten des Tages nun ganz alleine für sich. Sie macht sich eine schöne Tasse Kaffee und raucht eine Zigarette, vielleicht sogar noch eine...*

Falls es Ihnen gelingt, sich in diese Situation reinzuversetzen, dann versuchen Sie bitte zu beschreiben, welches **Gefühl** Frau Meier beim Rauchen dieser Zigarette erfährt. In unseren Kursen hören wir meist:

- Entspannung
- Beruhigung
- es ist angenehm
- man fühlt sich jetzt einfach wieder wohl

In dieser Erfahrung scheint der eindeutige Beweis zu liegen, dass zumindest manche Zigaretten in bestimmten Situationen einen eindeutigen Genuss mit sich bringen. Tatsächlich liegt hier auch die Wurzel für eine immens große Angst von Rauchern: *„Wie soll ich mit meinem Leben noch fertig werden, wenn ich in solchen Situationen nicht mehr rauchen kann um mal runterzukommen? Ich will ja aufhören, aber was soll ich denn dann in solchen Situationen machen? Gibt es vielleicht irgendeinen Ersatz? Wenn ich das Rauchen einfach auf diese wirklich wichtigen Situationen reduzieren würde, wäre das nicht auch ok?“*

Um dem Raucher aus diesem Dilemma herauszuhelfen, bedienen wir uns eines Beispiels, das jeder Mensch aus eigener Erfahrung kennt: das Tragen zu enger Schuhe. Nehmen wir an, Sie haben sich für eine Wanderung angemeldet, die anstrengender ist als gedacht, ihre Füße schwellen an, wodurch in den Schuhen immer mehr Druck entsteht. Nach einem Zeitraum von fünf Stunden kann man Ihnen die Schmerzbelastung im Gesicht deutlich ansehen, was sich schlagartig ändert bei der Aussicht auf eine kurz bevorstehenden Pause. In Ihnen entsteht Vorfreude. Und in dem Moment, wo Sie sich hinsetzen und die Schuhe ausziehen, dürften Sie ein Gefühl erleben, das sich wohl so beschreiben ließe:

- entspannend
- wohltuend
- angenehm

Das Gefühl, das beim Ausziehen zu enger Schuhe entsteht und das Gefühl, das man beim Rauchen mancher Zigaretten bewusst erfährt, sind sich tatsächlich sehr ähnlich. Doch niemand würde sich zu enge Schuhe freiwillig anziehen, um dieses angenehme Gefühl erfahren zu können, nach dem Motto: *„Fünf Mal am Tag lass ich es mir so richtig gut gehen!"* Der Grund liegt auf der Hand: Sie schauen bei dem Beispiel mit den zu engen Schuhen nur auf den Schmerz, den diese verursachen. Selbst wenn man versuchen würde, Ihren Blick auf die Vorfreude und das schöne Gefühl der Entspannung zu lenken (beide Gefühle existieren ja wirklich!), um ihnen das Tragen dieser zu engen Schuhe schmackhaft zu machen, wird es nicht gelingen, sie bleiben auf den Schmerz fixiert. Und deshalb kann Ihnen niemand einreden, Ihnen entginge in Ihrem Leben ohne diese Vorfreude aufs Ausziehen und dem Gefühl der Entspannung beim Ausziehen irgendeine Form von Genuss.

Doch beim Rauchen ist genau das passiert: Raucher nehmen nur die Vorfreude wahr, die sie vor manchen Zigaretten spüren (stellen Sie sich Frau Meiers Vorfreude vor, die sie beim Betreten ihrer Wohnung hat) und das Gefühl der Entspannung, das beim Rauchen entsteht. Das ist nur deshalb möglich, weil man die Beeinträchtigung beim Rauchen, die die Basis bildet für die Vorfreude und das Entspannen, nicht so bewusst wahrnehmen kann wie den Schmerz in dem Beispiel mit den zu engen Schuhen.

Das, was einen Raucher beeinträchtigt - in der Zeit zwischen zwei Zigaretten - ist rein körperlich kaum wahrnehmbar. Selbst nach acht Stunden Schlaf ist keinem Raucher bewusst, dass er - im Unterschied zu einem Nichtraucher - mit einer zusätzlichen Beeinträchtigung aufwacht: den Entzugserscheinungen. Anders ausgedrückt: ohne diese Beeinträchtigung ist es unmöglich, eine Zigarette direkt als entspannend oder genussvoll zu empfinden. Und das ist der Grund, warum die erste Zigarette nach einer längeren Phase der Abstinenz oft deutlich schlechter ist, als man es in seiner Erinnerung eigentlich abgespeichert hat. *„Vielleicht wird es besser, wenn man weitermacht?"* ist bei vielen Rauchern die gedankliche Reaktion auf diese unerwartet schlechte erste Zigarette.

Falls es Ihnen noch nicht ganz gelingen sollte, die Beeinträchtigung beim Rauchen sich bewusst zu verdeutlichen, stellen Sie sich kurz Frau Meier vor, wie sie gestresst nach Hause kommt, rauchen möchte und ihre Kinder ihre Zigaretten versteckt haben und einfach nicht herausrücken. Schauen Sie dabei auf das Gefühl, das dann in ihr entsteht. Oder verstecken Sie mal die Zigaretten der Raucher auf einer Berghütte im Skiurlaub. Hat Ihnen schon einmal jemand Ihre Zigaretten versteckt? Oder haben Sie schon einmal verzweifelt eine Zigarette gesucht? Die Verwandlung, die ein Raucher dabei charakterlich durchläuft, hat durchaus Ähnlichkeit mit der Verwandlung von Dr. Jekyll zu Mr. Hyde.

Raucher werden nicht durch Schmerzen gequält. Raucher „leiden" körperlich so gut wie gar nicht (abgesehen vom Rauch in der Lunge – das ist das einzig wirklich qualvolle!). Es ist einfach nur jenes subtile Gefühl, das dem Hunger zum Verwechseln ähnlich ist, und die Macht dieses Gefühls besteht darin, unsere Gemütsverfassung beeinflussen zu können. Menschen, die regelmäßig eine Diät machen müssen, haben in diesen Diätphasen meistens schlechte Laune. Säuglinge signalisieren durch Weinen, dass sie hungrig sind. Hunger besitzt eine emotionale Komponente des Unglücklichseins. Raucher merken nicht, dass ihre Gedanken und Gefühle immer mehr in den negativen Bereich abrutschen, je länger sie nicht rauchen können. Raucher glauben, schlecht gelaunt zu sein aufgrund der Lebensumstände, in denen sie sich befinden (wie z.B. die stressige Situation im Supermarkt). Die Beeinträchtigung, die durch den Nikotinabbau verursacht wird, besteht in einem negativen **emotionalen** Gefühl, analog zu den **körperlichen** Schmerzen bei den zu engen Schuhen. Die Folge davon ist, dass Raucher zunehmend das Leben um sie herum als immer stressiger, leerer und deprimierender empfinden. Und je größer diese innere Leere wird, umso dankbarer ist man für *„das einzige, was einem im Leben noch bleibt"*.

Das Gefühl der Entspannung beim Rauchen einer Zigarette ist keine Illusion. Es ist real vorhanden, und somit ist zumindest dieser Aspekt in diesem Moment sehr wohl angenehm. Die Illusion ist die Annahme, man verdanke dieses angenehme Gefühl der Zigarette oder dem Nikotin. Dieser Glaube ist das Ergebnis der Bewusstseinsmanipulation. Es wäre genauso, als wenn jemand glauben würde, das schöne Gefühl beim Ausziehen der zu engen Schuhe verdanke er den Schuhen. Zwar ist es richtig zu sagen, ohne die zu engen Schuhe hätte man dieses schöne Gefühl der Befreiung und Erlösung beim Ausziehen gar nicht, genauso wie man argumentieren kann, ohne Zigaretten gäbe es dieses bestimmte Gefühl der Entspannung im Leben eines Rauchers nicht mehr. Doch den Schuhen selbst verdanken wir die Schmerzen, nichts weiter und wir wissen das. Da das Gefühl beim Ausziehen zu enger Schuhe jedoch real vorhanden **und** angenehm ist, stellt sich nun die zentrale Frage, was die Quelle des Gefühls ist, wenn es die Schuhe nicht sind. Die Antwort ist wichtig: die Ursache jenes schönen Gefühls, das in Ihrem Gehirn tatsächlich entsteht, wenn Sie zu enge Schuhe ausziehen, sind **körpereigene** Stimmungshormone. Und Ihr Gehirn belohnt Sie in diesem Moment ganz sicher nicht dafür, dass Sie zu enge Schuhe getragen haben, sondern dass Sie sie ausziehen. Der Hintergrund dieses Gefühls ist, Ihnen mitzuteilen, dass Sie auf dem Weg zu Ihrem natürlichen Normalzustand sind: ein Mensch zu sein, der keine zu enge Schuhe trägt.

Beim Rauchen stellt man diese Logik jedoch auf den Kopf. Immer wieder wird behauptet das Gehirn eines Rauchers würde ihn dafür belohnen, dass er sich in gewissen Situationen eine Zigarette anzündet, weil man feststellen kann, dass die Stimmungshormonausschüttung zunimmt, wenn Nikotin in den Kreislauf gerät. Daraus würden sich dann diese Verknüpfungen ergeben, die es einem Raucher eben angeblich so schwer machen würden, sich das Rauchen wieder „abzugewöhnen". Doch diese Interpretation der Hormonausschüttung ist falsch. Nimmt ein Raucher Nikotin zu sich, werden diese Hormone ausgeschüttet, das ist richtig. Doch in Wahrheit wird der vererbte Hunger-Mechanismus durch das Nikotin manipuliert. Durch das Vortäuschen von Hunger wird unser Instinkt reingelegt und schüttet genau die gleichen Hormone aus, die wir natürlicherweise bekommen, wenn wir etwas gegessen haben und infolgedessen uns entspannt und zufrieden fühlen. Doch der Hintergrund dieses Gefühls bei natürlichem Hunger ist, uns zu signalisieren, dass wir auf dem Weg zu unserem Normalzustand sind: ein Mensch zu sein, der keinen Hunger hat. Auf den Raucher übertragen bedeutet dies: ein Mensch zu sein, der dieses künstliche Hungergefühl nicht hat, und das ist nichts anderes als ein Nichtraucher. Mit anderen Worten: das Einzige, was ein Raucher am Rauchen genießen kann ist, das Gefühl für einen kurzen Moment zu spüren, das man als Nichtraucher permanent haben würde.

Dabei merkt der Raucher jedoch nicht, dass er aufgrund der Resistenz seines Körpers gegen das Nikotin dieses falsche Hungergefühl gar nicht mehr vollständig loswerden kann. Ein nicht unerheblicher Teil des Gefühls der inneren Leere bleibt daher auch nach der gerauchten Zigarette noch übrig.

Das Absurde am Rauchen ist, dass Raucher eine Leere spüren, bei dem Gedanken ihren Kaffee in Zukunft ohne Zigarette trinken zu müssen, **nur** weil sie **glauben**, das schöne Gefühl der Entspannung bei einer Tasse Kaffee wäre durch die Zigarette entstanden. Fehlt die Zigarette, fehlt auch das Gefühl. **Doch tatsächlich werden Sie genau dieses Gefühl in Hülle und Fülle völlig kostenlos, 24 Stunden am Tag haben können, wenn Sie mit dem Rauchen aufgehört haben.** Alles was Sie „aufgeben" ist jenes innere Gefühl der Leere, das Sie als Raucher 24 Stunden am Tag ertragen mussten und die völlig unnötige Erfahrung sich mehrmals am Tag für fünf Minuten zu ersticken.

Jeder Mensch wird als Nichtraucher geboren. Nikotin kann nichts anderes in unserem Körper bewirken als eine Beeinträchtigung auf zwei Ebenen zu schaffen. Auf der ersten Ebene die direkten Vergiftungssymptome wie Übelkeit und Schwindel. Auf der zweiten Ebene das kaum wahrnehmbare Gefühl der Leere, wenn das Gift von unserem Körper abgebaut wird. Die Tücken dieses Teils der Beeinträchtigung liegen in ihrer körperlich kaum wahrnehmbaren Ausprägung. Sie entfalten eher eine mental ausgerichtete Verschlechterung, die sich im Betroffenen durch vermehrte Sorgen, Ängste, oder genervte Zustände äußert. Das Gefühl der Erleichterung beim Rauchen ist echt, doch der Glaube, die Zigaretten würden dieses Gefühl bewirken ist falsch. **Und es ist nur diese Überzeugung, die einen Raucher in seinem Gefängnis hält!**

Die Ähnlichkeit des Nikotinentzugs mit dem natürlichen Hunger zeigt sich auch in der geschmacklichen Veränderung der Zigaretten. Jeder Raucher kennt den Effekt: je länger man auf eine Zigarette warten muss, umso besser scheint sie zu schmecken. Da jede Zigarette einer Packung aber exakt das Gleiche enthält wie die anderen, muss die Erklärung für diese unterschiedliche Geschmackswahrnehmung im Innern des Rauchers zu finden sein. Objektiv ist nicht zu erklären, warum z.B. manche Raucher das Gefühl haben, die erste Zigarette am Morgen schmecke fantastisch.

Man kennt den Spruch: „Hunger ist der beste Koch". Damit ist jenes Phänomen gemeint, dass der Geschmack eines Essens für uns immer besser zu werden scheint, je mehr Hunger man hat. Der Hungertrieb beeinflusst unbewusst unsere Geschmackswahrnehmung, ebenfalls ein vererbter Mechanismus, der mit der Steuerung unseres Essverhaltens zu tun hat. Ist der Hunger beseitigt, findet man immer weniger Genuss am Essen. Nikotin wird vom Körper sehr schnell abgebaut, zu einem großen Teil über den Schweiß. Gerade Tätigkeiten, bei denen wir viel schwitzen, z.B. Sauna, Schlaf oder Sex, fördern den Abbau von Nikotin und vergrößern infolgedessen das künstliche Hungergefühl. Das ist der Grund, warum Raucher typischerweise auch in diesen speziellen Situationen das Gefühl haben, die Zigarette würde „so gut" schmecken. Die Zigarette selbst kann nicht schmecken. Wenn Sie bewusst nicht inhalieren und den Rauch einige Sekunden im Mund lassen und dann wieder auspusten, werden Sie dem ohne Zweifel zustimmen können. Der Raucher muss inhalieren um das Gefühl des „guten Geschmacks" zu erlangen. Da die Bronchien jedoch keine Geschmacksnerven besitzen, ist es in Wahrheit unmöglich zu behaupten, der ätzende Rauch einer Zigarette schmecke angenehm. Jeder Raucher kennt das Gefühl, wenn dieser Rauch beim Anzünden einer Zigarette ausversehen ins Auge gelangt. Es gibt keinen Grund anzunehmen, dass die Lunge anders auf diesen giftigen Rauch reagieren würde als das Auge, sie hat nur nicht die Möglichkeit dem Raucher das mitzuteilen. Der „gute Geschmack" ist nichts anderes als eine Manipulation der Geschmackswahrnehmung eines Rauchers durch das falsche Hungergefühl des Nikotins. Deshalb schmeckt die erste Zigarette nach einigen Wochen des Nichtrauchens auch so schrecklich unangenehm. Die Geschmackstäuschung verbunden mit der immer wieder betonten Aussage von anderen Rauchern und von der Zigarettenwerbung, der Geschmack von Zigaretten sei ein Genuss, ist eines der Bausteine aus denen sich die Angst im Inneren eines Rauchers zusammensetzt, er müsse auf etwas „verzichten", wenn er mit dem Rauchen aufhört.

Eine andere Besonderheit des Rauchverhaltens kann mithilfe der Analogie der zu engen Schuhe ebenfalls sehr gut beleuchtet werden: die Schwierigkeit, den Zigarettenkonsum zu reduzieren. Diese Praxis wird immer wieder von einigen Experten empfohlen, um den Grad der Nikotinabhängigkeit zu verringern. Die zugrundeliegende Logik liegt dabei klar auf der Hand: Je weniger abhängig man ist, umso einfacher ist das Aufhören.

Raucher selbst gehen dabei in ihrer Argumentation nicht ganz so wissenschaftlich vor. Eher so: *„Ich rauche ja wirklich gerne, nur manchmal eben zu viel. Ich werde ab jetzt nur noch meine besonderen Zigaretten rauchen. Die nach dem Essen, die nach der Arbeit, die zum Kaffee. Aber alle Zigaretten, die ich überflüssiger*

Weise rauche, die mir nichts bringen, mich unnötig viel Geld kosten und meiner Gesundheit auch nicht guttun, werde ich in Zukunft weglassen." Durch die vielen Rauchverbote in unserer Gesellschaft wird es Rauchern relativ leicht gemacht, dieses Vorhaben zumindest eine Zeit lang auch durchzuziehen.

Würde man vor die Wahl gestellt, eine Person mit zu engen Schuhen zu sein, die entweder zehn Mal oder aber drei Mal am Tag die Schuhe für fünf Minuten ausziehen kann, würde jeder normal denkende Mensch die erste Variante wählen. Könnte man es einem Raucher ermöglichen, dauerhaft ein Raucher zu sein, der entweder zehn oder drei Zigaretten jeden Tag raucht, würde jeder Raucher sofort auf die zweite Variante springen. Auch hier scheint es zunächst sehr logisch klar auf der Hand zu liegen: drei Zigaretten am Tag zu rauchen ist schließlich wesentlich gesünder als zehn Zigaretten. Das ist natürlich erst mal richtig.

Warum würde jeder Mensch, der zu enge Schuhe trägt, diese lieber zehn Mal am Tag ausziehen wollen als drei Mal? Weil er sich dadurch öfter Erleichterung von den Schmerzen verschaffen kann. Doch wer freut sich mehr auf das Ausziehen und wer empfindet die Entspannung intensiver? Derjenige, der sie sich drei Mal auszieht. Doch dieser Scheinvorteil ist uns egal, wir blicken bei diesem Beispiel immer nur auf die Schmerzen, die mit dem Tragen der zu engen Schuhe verbunden sind. Nur die Schmerzen zählen bei unserer Entscheidung, und je weniger Schmerzen man hat, desto besser.

Jeder Raucher weiß, dass das Reduzieren kein dauerhafter Zustand sein wird. Aber warum eigentlich nicht? Versuchen Sie folgende Frage zu beantworten: Wer freut sich mehr auf seine Zigarette: der Raucher, der zehn Zigaretten am Tag raucht oder der mit drei? Und wer, glauben Sie, entspannt sich mehr beim Rauchen? Wer wird das Gefühl von gutem Geschmack eher haben?

Das einzige, was beim Reduzieren wirklich passiert ist, dass die Vorfreude auf eine Zigarette deutlich zunimmt, das Gefühl der

Entspannung intensiver empfunden wird und man das Gefühl hat, die Zigaretten würden einem wirklich schmecken, dies bedingt durch den geschmacksverändernden Einfluss des Nikotinhungers.

Kommen wir wieder auf die Logik zurück. Wenn ein Raucher sich vornimmt, die erste Zigarette des Tages z.B. erst nach der Arbeit zu rauchen, wird er die Erfahrung machen, dass sein gesamter Nach-Hause-Weg mit Vorfreude erfüllt ist. Man kann auch davon ausgehen, dass er im Laufe der Zeit immer schneller versuchen wird nach Hause zu kommen. Wenn man sich so auf eine Sache innerlich freut wie auf das Rauchen jener ersten Zigarette, bedeutet das nicht ziemlich eindeutig, dass man gerne raucht? Sonst würde man sich doch nicht so freuen. Der Raucher glaubt, dass er sich **auf** die Zigarette freut. Aber stimmt das?

Wenn eine Person seit sechs Stunden zu enge Schuhe trägt und man ihr sagt, dass gleich die Möglichkeit bestehen wird sie auszuziehen, wird Vorfreude entstehen. Aber worauf genau? Auf die Pause? Auf die Beschäftigung mit den Händen, wenn man an den Schnürsenkeln zieht? Auf die Gesellschaft der anderen in der Wandergruppe? Man freut sich auf eine einzige Sache: **das Beenden der Schmerzen**.

Raucher spüren, dass sie sich freuen, wenn sie wissen, gleich können sie rauchen. Sie glauben, sie würden sich auf die Zigarette freuen, auf die Gesellschaft, auf die Gelegenheit, endlich eine Pause machen zu können. Doch der wahre Grund, warum die Vorfreude in einem Raucher entsteht, entspringt einzig und allein dem Umstand, **das innere Gefühl der Leere endlich beenden zu können**. Doch dieses Gefühl der Beeinträchtigung ist körperlich sehr gering, deswegen ist sich der Raucher dessen nicht bewusst. Ob ein Raucher nun drei Zigaretten raucht oder zehn, spielt auf der Ebene der Entzugserscheinungen tatsächlich keine Rolle, da sie auch wenn sie eine „starke" Ausprägung haben körperlich so gut wie nicht wahrnehmbar sind. Sie beeinflussen lediglich die Vorfreude auf eine Zigarette und die ist für einen Raucher deutlich spürbar. Und je ausgeprägter die Entzugserscheinungen sind (je länger er auf eine Zigarette gewartet hat), umso mehr Vorfreude spürt er, was den gefährlichen Trugschluss zementiert er rauche wirklich gern.

Das einzige, was das Rauchen-Aufhören schwierig erscheinen lässt, ist der Glaube auf etwas verzichten zu müssen. Je mehr ein Raucher davon überzeugt ist, umso abhängiger ist er auch. Das Reduzieren des Zigarettenkonsums verstärkt diesen Glauben, folglich auch den Abhängigkeitsgrad. Eine **rein körperliche** Abhängigkeit von Nikotin existiert überhaupt nicht. Wenn der Körper von Nikotin abhängig wäre, würde er es speichern, wenn man zu viel geraucht hat, so wie der Körper auch bei einem Überangebot an Nahrung diese in Reserven speichert, weil er tatsächlich davon abhängig ist. Doch egal, wie viel ein Raucher raucht, es lässt sich immer beobachten, dass der Körper auf vielen Ebenen versuchen wird, das Nervengift Nikotin so schnell wie möglich aus dem Stoffwechsel zu entfernen.

Spätestens dann, wenn wieder einige Dinge im Leben des Rauchers beginnen schief zu laufen, wenn er Alkohol trinkt oder sich mit anderen Rauchern in einer netten Umgebung ohne Rauchverbot befindet, wird er nicht mehr die nötige Willenskraft aufbringen können, um das Rauchen zu reduzieren. Die Gedanken Rauchen zu wollen oder zu müssen kommen im Laufe der Zeit immer häufiger und werden immer stärker. Die Unfähigkeit diese dauerhaft ignorieren zu können und die daraus resultierende Zunahme der gerauchten Zigaretten führt bei den meisten Rauchern zu einer Minderung des Selbstwertgefühls. Kennt man doch zahlreiche Raucher, die sich prima „beherrschen" können und nicht so schwach sind wie man selbst.

Es kann an dieser Stelle nun nicht deutlich genug hervorgehoben werden, dass das „freiwillige" Rauchen **überhaupt nicht** existiert. Diese Überzeugung ist die äußere Folge einer im Inneren des Rauchers angelegten Täuschung. Es gibt Raucher, die äußerst wenig rauchen, woraus aber nicht folgt, dass diese das Rauchen unter Kontrolle hätten.

Der Grund, warum es nicht wenige Exemplare solcher Raucher gibt, die tatsächlich nie viel rauchen, könnte in den Genen zu finden sein, insofern, als dass die Fähigkeit des Körpers das Nikotin auszuscheiden, von Mensch zu Mensch variiert. Bei manchen Rauchern mag die Entgiftung viel mehr Zeit erfordern, als das bei anderen der Fall ist. Somit werden auch die Gedanken *„Ich habe Lust auf eine Zigarette"* oder *„Ich würde jetzt gerne rauchen"* länger brauchen bis sie sich manifestieren.

Ein anderer Grund kann auch das Umfeld des Rauchers sein. Raucher, die privat oder auch im Freundeskreis primär von Nichtrauchern umgeben sind, werden generell dazu neigen, deutlich weniger zu rauchen als solche, die ständig Raucher um sich haben. Tatsächlich ist es jedoch völlig unerheblich, warum jemand nicht jeden Tag zwanzig raucht oder rauchen muss. Ob jemand drei Zigaretten raucht oder sechzig, beide haben exakt die gleiche Krankheit, nur in einer anderen Ausprägung. Allerdings ist die Heilung von dieser Krankheit zu 100% davon abhängig, was man über das Rauchen glaubt, genauso wie die Flucht aus einem Gefängnis erst dann erstrebenswert wird, wenn man begreift, dass man in einem sitzt.

Im weitaus größten Teil der Fälle kann man ohnehin in dieser Phase des Reduzierens eindeutig beobachten, wie die Anzahl der gerauchten Zigaretten letztendlich zunimmt, und das muss nicht unbedingt schleichend passieren. Nicht selten kommt es vor, dass der Zigarettenkonsum sprunghaft ansteigt, meist gekoppelt mit einer persönlichen Krise des Rauchers. Der Grund für diesen sprunghaften Anstieg kann im folgenden Kapitel genauer erklärt werden.

14. <u>Stress</u>

Es scheint ein völliger Widerspruch zu sein, dass wir auf der einen Seite behaupten, ein Raucher rauche nicht aus freien Stücken, auf der anderen Seite kann man jedoch immer wieder beobachten, wie sich Raucher z.B. am Nachmittag eine Zigarette „gönnen". Hätten Sie in der Zeit gelebt, in der der Ablasshandel florierte, hätten Sie auch das Gefühl gehabt, Sie geben das Geld dem Pfarrer freiwillig. Niemand hätte Sie dazu gezwungen, aber war es damals wirklich eine freie Handlung? Man muss den Grund oder die Absicht im Auge behalten, wenn man diesen Widerspruch auflösen möchte. Als die Menschen langsam immer mehr begriffen, dass es kein Fegefeuer gibt, und dass Pfarrer nach dem Tod eines Menschen auch nichts ausrichten können, fand diese Praxis ihr Ende. Ein Raucher mag das Gefühl haben, dass er völlig freiwillig zur Zigarette greift. Doch der Grund, aus dem er glaubt es zu tun, ist ein Irrtum. Weder bieten Zigaretten Genuss, noch helfen sie bei Stress, noch beseitigen sie Entzugserscheinungen oder das Verlangen.

Wenn Raucher wirklich begreifen, wie das Rauchen diese Illusionen entstehen lässt, hören sie auf, und zwar ohne irgendwelche Schwierigkeiten. Das ist die Freiheit.

Es mag auch widersprüchlich erscheinen, dass wir die typische Entwicklung eines Rauchers in Phasen unterteilen, wir jedoch gleichzeitig behaupten eine Abhängigkeit würde sich nicht entwickeln. Was wir hier Phasen nennen, sollen die verschiedenen typischen Bewusstseinszustände abbilden, die der Raucher als Opfer der Nikotinfalle durchläuft. Die Erfolgschance auf Heilung wird direkt von diesen Phasen beeinflusst. Solange z.B. der Raucher fest daran glaubt, er genieße das Rauchen wirklich, kann er bestenfalls ein Ex-Raucher werden, der immer wieder gegen sein Verlangen ankämpfen muss.

Das dritte Stadium stellt bei den meisten Rauchern die längste Phase dar. Das Rauchen ist nun fest im Tagesablauf integriert, es gehört zum Leben genauso selbstverständlich dazu wie der Gang in den Supermarkt. Der Raucher sieht in den Zigaretten zwar noch eine Bereicherung, die ihm dabei hilft kurze Momente des Tages zu genießen: sie versüßen einem den Abend bei Freunden, sie schenken einem die Möglichkeit Pausen zu machen, man kommt als Raucher leichter ins Gespräch mit anderen Rauchern, und ganz wichtig: man wird durch das Rauchen, anders als bei Süßigkeiten oder Alkohol, auch nicht dick.

Es gibt jedoch erste Kratzer an dieser schönen Raucherwelt, Momente, in denen wir uns als Raucher beginnen schuldig, schlecht oder zumindest unwohl zu fühlen:

Wenn die Kinder uns als Raucher beobachten und uns fragen, warum wir das tun oder wenn wir in eine Gruppe von Nichtrauchern geraten und wir uns Gedanken um unseren Geruch machen. Wenn wir versuchen in letzter Minute den Zug zu erreichen und das Gefühl haben, wir kriegen keine Luft mehr, oder wenn sich der grauenvolle Krebs in unsere Gedanken einschleicht. Wenn wir über das Geld nachdenken, das wir für das Rauchen ausgeben und uns überlegen, was wir sonst alles davon kaufen könnten. Doch noch gelingt es diese unschönen Nebenaspekte des Rauchens zu verdrängen. Das absichtliche Ignorieren der Gesundheitswarnungen auf den Zigarettenschachteln ist sicher das bekannteste Beispiel dieser Taktik.

Während also Raucher versuchen, sich nicht allzu viele Gedanken um die negativen Aspekte des Rauchens zu machen, nimmt eine schleichende Veränderung im Innern des Rauchers ihren Lauf. Um diesen Vorgang zu verstehen, müssen wir erneut auf das falsche Hungergefühl zurückkommen.

Hunger an sich ist tatsächlich ein sehr diffuses Gefühl. Hunger ist nicht wie Schmerz an **einer** bestimmten Stelle des Körpers zu finden. Er lässt sich grob beschreiben als ein Gefühl der inneren

Leere, der leichten Niedergeschlagenheit oder der Depression, als eine innere Unruhe, die u.U. auch in Aggression umschlagen kann. Der knurrende Magen ist dabei die am deutlichsten spürbare körperliche Komponente. Das ist das einzige Merkmal des natürlichen Hungers, der beim dem künstlichen Hungergefühl verursacht durch Nikotin fehlt.

Am Anfang unserer Raucherkarriere sind die Entzugserscheinungen noch äußerst schwach. Wir spüren daher nur ab und zu die Lust auf eine Zigarette. Doch natürlich ist es so, dass mit jeder Zigarette, die wir rauchen, Nikotin in den Körper gelangt und dieser daraufhin eine Resistenz gegen das Gift entwickeln wird. Das bedeutet rein faktisch, dass immer häufiger der Wunsch (der Gedanke) nach einer Zigarette in unserem Bewusstsein aufkommen wird. Je mehr Nikotin konsumiert wird, umso höher wird die Resistenz, umso schneller wird das Nikotin wieder vom Körper entfernt. Der falsche Nikotinhunger wird in seiner Ausprägung immer größer, die Gedanken rauchen zu wollen oder zu müssen kommen daher immer häufiger und können immer schwerer ignoriert werden. Wir möchten an dieser Stelle ausdrücklich darauf hinweisen, dass diese Entwicklung bei manchen Rauchern Jahrzehnte in Anspruch nehmen kann. Die Langsamkeit dieser Entwicklung ist der Hauptgrund, warum das Rauchen als eine eher harmlose Form der Drogenabhängigkeit angesehen wird. Doch es gibt noch einen anderen Aspekt, der die Entzugserscheinungen betrifft: die „Wesensveränderung" des früheren Nichtrauchers.

Die Beeinträchtigung, die von den Entzugserscheinungen ausgeht, ist für sich genommen zwar von geringer Stärke, doch sie wirkt über Jahre hinweg stetig auf die Psyche des Rauchers ein. Schmerzen kann man ebenfalls als eine Beeinträchtigung unseres Wohlbefindens auffassen. Zwar kann man mit schwachen Schmerzen gut leben (bspw. Rückenschmerzen), man kann glücklich sein, arbeiten oder auch entspannen, sie sind im Hintergrund für einen Betroffenen jedoch stets präsent. Vor allem wenn er von nichts abgelenkt wird, werden ihm seine Schmerzen bewusst und er mag sich dazu entscheiden, etwas dagegen zu unternehmen. Kommen Zahnschmerzen hinzu, hat der Betroffene zwei Schmerzquellen. Er ist jedoch mit seinem Verstand ganz klar in der Lage zwischen diesen beiden Schmerzen zu unterscheiden und einzuschätzen, unter welchem Schmerz er mehr leidet.

Das tückische an den Entzugserscheinungen ist jedoch, dass die Beeinträchtigung, die von ihnen ausgeht, in einem **leicht** unangenehmen Gefühl der inneren Leere besteht. Versuchen Sie sich Situationen aus Ihrem Leben vorzustellen, in denen Sie sich emotional schlecht gefühlt haben. Sie wurden z.B. als Kind in der Schule beim Abschreiben erwischt, Sie haben Ihren Partner hintergangen und vielleicht auch noch angelogen, Sie mussten einen Gerichtsprozess durchmachen, Sie haben im Wartezimmer Ihres Arztes gesessen und Angst vor der Diagnose gehabt. Das sind alles Situationen, in denen sich die meisten Menschen äußerst unwohl fühlen. Diese Emotionen (Angst, Sorge, Schuld), die in solchen Situationen entstehen, werden nicht nur mental empfunden, sie manifestieren sich auch körperlich. Wenn wir versuchen zu beschreiben, wo genau im Körper man diese Gefühle am meisten spüren kann, würde man sie in der Magengegend lokalisieren, umgangssprachlich reden wir davon, dass uns etwas „im Magen liegt“. Die meisten Menschen spüren aufgrund dieses Gefühls auch keinen Appetit, obwohl es u.U. Zeit wäre, etwas zu essen. Versuchen Sie bitte nun sich dieses Gefühl so gut es geht vorzustellen, denn wir können mit unserer Fantasie solche Gefühle erzeugen, indem wir uns in eine entsprechende Situation reinversetzen. (Übrigens löst bei vielen Rauchern das Vorhaben mit dem Rauchen aufzuhören ebenfalls negative Gefühle aus.)

Die Entzugserscheinungen (jenes subtile Gefühl, das immer entsteht, wenn unser Körper Nikotin abbaut) erzeugen genau dieses Gefühl, das wir körperlich bei emotionalen Belastungssituationen spüren, zunächst schwach, doch mit zunehmender Resistenz des Körpers gegen das Nikotin wird dieses falsche Signal immer stärker in seiner Ausprägung. Anders als bei

Schmerzen sind wir jedoch hier nicht in der Lage mit unserem Verstand die Umstände, die zu diesem Gefühl beitragen, genau auszudifferenzieren. Wir können nicht bewusst dieses Gefühl in der Magengrube unter die Lupe nehmen und feststellen: *„50% davon ist auf meinen Gerichtstermin zurückzuführen, 20% darauf, dass mein Konto wieder überzogen ist, 10% auf meine unerwünschte Gewichtszunahme und 20% davon sind Entzugserscheinungen vom Nikotin."* Wir empfinden nur **ein gesamtes** Stressgefühl. Welche Faktoren exakt wie viel dazu beitragen, können wir bestenfalls abschätzen, doch kaum jemand macht sich wirklich die Mühe. Wir neigen dazu, das gesamte Gefühl innerer Unruhe auf die Situation zu beziehen, in der wir uns gerade befinden oder über die wir gerade nachdenken.

Meistens raucht der Raucher in solchen Belastungssituationen eine Zigarette in dem Glauben, sie verhelfe ihm zu einem gewissen Abstand oder zu einer Pause um mal auf andere Gedanken zu kommen. Diese Illusion wird mit zunehmenden Entzugserscheinungen immer überzeugender. Da wir also nicht in der Lage sind, emotionale Belastungen rational den jeweiligen Ursachen zuzuordnen, steigt der Zigarettenkonsum bei außerordentlichen Stresssituationen deutlich an. Auch wenn der Raucher rational weiß, dass das Rauchen einer Zigarette die Ursachen des Stresses gar nicht beseitigen kann, hat er aber das **Gefühl**, die Zigaretten würden ihm helfen, besser mit dem Stress klarzukommen. Dieses Gefühl hat er deshalb, weil er nach der gerauchten Zigarette nicht mehr 20% Nikotinentzugsstress spürt, sondern vielleicht nur noch 10%. Da jedoch dieser Effekt nur durch die erneute Aufnahme von Nikotin erzeugt werden kann, dieses Nikotin jedoch sofort wieder abgebaut wird und damit neuen Stress verursacht, den der Raucher fälschlicherweise wieder aufgrund der Situation, in der er sich befindet, zu haben glaubt, merkt der Raucher nicht, dass er im Laufe des Tages stressmäßig immer weiter nach unten rutscht. Das einzige, was ihm beim Rauchen „hilft" ist der **Glaube**, die Zigaretten würden ihm helfen und die erzwungene Botenstoffausschüttung in seinem Gehirn, die ihn kurzweilige Entspannungsgefühle empfinden lässt. Ein Effekt, für den er fälschlicherweise den Zigaretten dankbar ist. Den Preis, den er für diese Illusion bezahlt ist lebenslanger Mundgeruch, lebenslanger Neid auf Nichtraucher, Geldverlust, Selbstverachtung, Angst vor schrecklichen Krankheiten, und nach all den gerauchten Zigaretten an einem Tag einen erheblichen zusätzlichen Stress, den er den Entzugserscheinungen selbst verdankt und den er als Nichtraucher überhaupt nicht hätte, von der Lethargie als Folge all der anderen tödlichen Gifte, die wir durch das Rauchen aufnehmen, ganz zu schweigen. Eine fatale Entwicklung ist bei nicht wenigen Rauchern die Hinwendung zum Alkohol, um wenigstens am Abend etwas Ruhe und Entspannung zu finden.

Hier liegt auch die Erklärung dafür, warum die meisten Rückfälle in Stresssituationen passieren. Selbst wenn keine Entzugserscheinungen mehr seitens des Nikotins vorhanden sind, bleibt im Verstand des Rauchers der Glaube gespeichert, Zigaretten könnten eine Art Hilfe bei Stress bieten. Dadurch entsteht in einer Stresssituation der Wunsch eine Zigarette zu rauchen. Die Erinnerung an die negativen Seiten des Rauchens ist mit der Zeit verblasst, es fallen dem Raucher daher keine plausiblen Gründe mehr ein, warum er nicht *„nur eine“* rauchen könnte. Raucht er nicht, ist er durch die Situation selbst gestresst und macht sich darüber hinaus Gedanken über die Frage, ob er eine rauchen soll oder nicht. Dadurch wird verhindert, den tatsächlichen Stress zu verarbeiten oder konstruktiv auf eine gegebene Stresssituation zu reagieren. Während er darüber nachdenkt, vergrößert sich in ihm das Gefühl auf eine Hilfe verzichten zu müssen, wenn er nicht raucht. Er muss Willenskraft einsetzen um der „Versuchung“ nicht nachzugeben. Je nach Ausprägung des Stresses weicht seine Entschlossenheit immer mehr auf, bis er sich zu dem berühmten Kompromiss entscheidet *„nur eine“* zu rauchen. Das befreit ihn von der Frage soll ich oder soll ich nicht und lenkt ihn für einen Moment von seinem aktuellen Stress ab. Nach der Zigarette ist ihm schwindelig und schlecht, hinzu kommt bei vielen das schlechte Gewissen, weil man das Versprechen nie wieder zu rauchen mal wieder nicht gehalten hat und die Entzugserscheinungen, die sich körperlich genauso anfühlen wie das Gefühl, das man körperlich spürt, wenn man ein schlechtes Gewissen hat. Also gelangt er exakt in die gleiche Situation wie vor der ersten Zigarette, nur mit einem leicht verschlechterten Stressgefühl, das dafür sorgt die nächste Zigarette noch mehr zu wollen, usw. Raucht er nicht, hat er das Gefühl verzichten zu müssen, raucht er, hat er Schuldgefühle. Das ist die Falle. Und sie wirkt über die rein körperliche Wirkung des Nikotins hinaus, sie ist solange latent in einem Ex-Raucher vorhanden, wie der Glaube existiert, Zigaretten könnten bei Stress helfen.

Es gibt mittlerweile Zigarettenwerbung, die direkt versucht Stress- und Schuldgefühle in Rauchern zu erzeugen. Die englische Zigarettenmarke Silk Cut beispielsweise oder auch Benson & Hedges verarbeiten ohne Skrupel die Themen Tod, Operationen, Übergewicht, Krankheit und Panik in ihren Werbeplakaten, um auf diese Weise subtil negative Gefühle zu erzeugen, die Basis für das Verlangen nach einer Zigarette. Die Psychologen, die sich diese Art der Zigarettenwerbung ausgedacht haben, haben vor Jahrzehnten bereits festgestellt, dass Raucher dann am meisten rauchen, wenn sie sich in einer negativen Gemütslage befinden. Die Ursache dieser Gefühle ist dabei völlig irrelevant. Indem man einem Raucher also immer wieder vor Augen hält, welche schrecklichen Nachteile das Rauchen für ihn hat – für den Geldbeutel, für die Gesundheit, für die Familie, etc. – verstärkt man in Wahrheit auch seine Angst vor Krankheiten und seine Schuldgefühle, und verstärkt damit indirekt die Illusion die Zigaretten zu brauchen, also abhängig zu sein. Kann es Zufall sein, dass durch staatlich anerkannte Institute, die „wissenschaftlich" daran arbeiten sollen, Rauchern zu helfen, immer wieder Therapiemaßnahmen propagiert werden, deren erklärtes Ziel es ist, Raucher darüber „aufzuklären", was er seiner Gesundheit antut, um ihn so zu motivieren endlich aufzuhören? In Wahrheit arbeitet man – absichtlich oder naiv – den Tabakkonzerne durch genau diese Taktik in die Tasche.

Genau hier ist das Beispiel mit dem Ablasshandel nochmal gut geeignet, um das Dilemma des Rauchers deutlicher herauszuarbeiten. Nehmen wir kurz an, ein Mann aus dieser Zeit hätte seine Frau verloren. Der Tod und die damit verbundene Trauer sind die real vorhandene Stresssituation. Doch ein Leben lang hat er gelernt, dass Verstorbene zunächst ins Fegefeuer kommen, und der Einlass ins Himmelreich von Priestern beeinflusst werden kann. Nehmen wir an, dass der Mann über zu wenig Geld verfügt, um einen Ablassbrief zu kaufen. Dann hätte er zusätzlich zu der Trauer die Schuldgefühle nicht für seine Frau sorgen zu können. Diese (künstlichen) Schuldgefühle, die sich auch in Alpträumen und Appetitlosigkeit widerspiegeln können, motivieren ihn schließlich zu der Entscheidung Schulden aufzunehmen. Er bezahlt den Ablass und spürt infolgedessen eine Erleichterung, er schläft nun auch besser. Real übrig in seinem Leben bleiben der Verlust **und** die Schulden. Die „Erleichterung", die er empfindet ist zwar auch real, basiert aber auf einer Lüge, die ihn solange versklavt, wie er an sie glaubt. Wichtig an diesem Beispiel ist, dass das zusätzliche Schuldgefühl ihn antreibt den Ablass zu kaufen, nicht der Tod seiner Frau selbst.

Auf den Raucher übertragen stellt sich die Lage so dar: der Tod eines Menschen, ein Gerichtstermin oder irgendeine andere Belastung sind real vorhanden. Darüber hinaus hat er das (künstliche) Stressgefühl, das durch den Nikotinabbau entsteht und die indoktrinierte Überzeugung Zigaretten würden in schwierigen Situationen eine Form von Halt geben können. Raucht er nicht, hätte er zusätzlich zu der realen Belastung die (künstliche) Belastung auf ein Hilfsmittel nicht zurückgreifen zu können. Dieser Umstand wird ihn früher oder später dazu motivieren sich eine anzuzünden. Nicht die Stresssituation ist der Auslöser für den Griff zur Zigarette, wie der Raucher glaubt. Der **Glaube** sie würde irgendwie helfen treibt ihn an. Durch die Ausschüttung von Hormonen in seinem Gehirn spürt er zwar eine leichte Erleichterung, diese ist jedoch nur möglich, wenn der Nikotinhunger vorher eine Beeinträchtigung geschaffen hat. Mit seiner wirklich vorhandenen Stresssituation hat dieser Effekt tatsächlich überhaupt nichts zu tun.

Real übrig in seinem Leben ist der Stress durch die Situation, das viele völlig unnötig für Zigaretten ausgegebene Geld, die Beeinträchtigung seines Wohlbefindens durch das Nervengift Nikotin, der Teil der Entzugserscheinungen, der aufgrund der körperlichen Resistenz gar nicht mehr verschwindet und die lethargische Wirkung all der anderen Gifte aus einer Zigarette auf seinen Körper.

„Das ist das einzige, was einem im Leben noch bleibt!", bringt diese Entwicklung auf den Punkt. Es ist ganz sicher nicht die Aussage eines glücklichen, frei denkenden Menschen.

Die dritte Phase bildet im Kern den eigentlichen Angriff auf die Persönlichkeit des Rauchers. Der Angriff besteht weniger darin, dass der Raucher zunehmend seinen Körper vergiftet und an Kondition und Lebensqualität einbüßt, sondern dass er **mental** immer weiter geschwächt wird. Es entsteht zunehmend die verzerrte Überzeugung, das Leben sei unbefriedigend, eine Nebenwirkung der chronisch auf ihn einwirkenden Entzugserscheinungen. Damit verbunden ist oft der Drang etwas Grundlegendes in seinem Leben verändern zu wollen, der nie wirklich verschwindet. Egal was der Raucher macht, er muss sein Raucherleben lang mit diesem Gefühl der inneren Leere leben. Dieses Gefühl wiederum bildet im Raucher die Basis für zunehmend negative Gedankengänge, die er in dieser Ausprägung als Nichtraucher sicher nicht hätte. Diese negativen Gedanken ziehen den Raucher noch weiter emotional runter, und so steckt er in einem Teufelskreis ohne die Möglichkeit zu erkennen, dass die Entzugserscheinungen der einzige Faktor sind, den er **wirklich** zum Positiven verändern kann, **indem er mit dem Rauchen aufhört.**

Das Thema Gewicht ist ein anderer Schauplatz der Manipulation, der vielen Rauchern unnötig viel Frust in ihrem Leben beschert.

Die Ähnlichkeit zwischen Entzugserscheinungen und echtem Hunger bildet die Basis für jeden Trugschluss in Bezug auf das Rauchen. Man kann sich das ein bisschen wie das Fundament einer Mauer vorstellen. Die Mauern können unterschiedlich dick und hoch sein, die einen Raucher gefangen halten, doch das Fundament aller Mauern bildet diese Ähnlichkeit der Entzugserscheinungen mit dem natürlichen Hungergefühl, und die daraus resultierende Identifikation mit dem Raucher-Ich. Die Mauern selbst stellen die Gedankenkonstruktionen dar, die sich im Laufe der Generationen über das Rauchen entwickelt haben und die den Raucher gefangen halten. Man erkennt diese auf dieser Täuschung basierenden Gedankenkonstruktionen immer daran, dass sie entweder zu den „*später…*" - Gedanken führen oder direkt Angst verursachen, die nicht unbedingt erst dann verschwindet, wenn man sich eine angezündet hat, sondern bereits dann, wenn man sich als Raucher dazu entschieden hat, es zu tun.

Ob wir das Gefühl beim Nikotinabbau als falschen Hunger, als ein Gefühl der inneren Unruhe oder als ein Gefühl der leichten Depression beschreiben, es ist immer der gleiche Trick. Diese Gefühle sind grundsätzlich eng miteinander in unserer Wahrnehmung verwoben. So neigen manche Menschen z.B. dazu deutlich mehr zu essen, wenn sie gestresst oder deprimiert sind, bei anderen ist es genau andersherum. Uns fehlt die Fähigkeit, die Entzugserscheinungen mit unserem rationalen Verstand identifizieren zu können. Die oben erwähnten Gefühle werden körperlich diffus wahrgenommen, neben körperlicher Unruhe kommt häufig Schlappheit oder Antriebslosigkeit hinzu. Das vorgetäuschte Hungergefühl seitens des Nikotins verschwimmt quasi mit den anderen Gefühlen und sorgt so für eine leichte Gesamtverschlechterung, die dann als Basis dient für den Trugschluss,

Zigaretten könnten bei Stress, gegen Hunger oder auch gegen depressive Gemütszustände helfen.

Um uns nun genau dem Thema Gewicht zuzuwenden, muss man sich klarmachen, dass ein Raucher ein künstliches Hungergefühl in sich trägt, das er ohne Zigaretten in seinem Leben überhaupt nicht hätte. Während der Körper des Rauchers zunehmend gegen das Nikotin immun wird, wird ein Teil dieses Hungergefühls beim Rauchen auch nicht mehr beseitigt. Über einen Zeitraum, der meistens mehrere Jahre in Anspruch nimmt, entsteht so im Raucher unbemerkt ein chronisches Hungergefühl, das nie wirklich verschwindet. Man beginnt bei Mahlzeiten mehr zu essen, weil man nicht mehr richtig satt wird, später beginnen viele Raucher auch Zwischenmahlzeiten zu sich zu nehmen. Nicht ausgeschlossen, dass dieser künstliche Hunger ein wichtiger Faktor bei der Entwicklung von Essstörungen darstellt. Das dramatische ist, dass die Raucher beginnen zu glauben, der Fehler liege bei ihnen, sie hätten sich nicht im Griff, beginnen zu glauben, dass sie irgendeine Neigung zu diesem Fehlverhalten hätten, für dessen Entwicklung sie die Verantwortung tragen. Dadurch entstehen wiederum neue Schuld- und Minderwertigkeitsgefühle, bei denen die Stütze, die eine Zigarette scheinbar zu bieten scheint, als das deutlich kleinere Übel angesehen wird. *„**Erst** muss ich dieses andere Problem mit dem Gewicht in den Griff kriegen, **dann** kann ich mich vielleicht mal damit beschäftigen, eventuell mit dem Rauchen aufzuhören. Aber **jetzt** auf keinen Fall!“*

Tatsächlich ist dieses Prinzip bei jedem „Problem“ das Gleiche. Egal, ob das eigene Übergewicht, die Essstörung, die Arbeitslosigkeit, die Scheidung, etc., der Raucher empfindet die Zigaretten als das kleinere Übel, das über diese unangenehme Phase irgendwie sogar hinweghelfen kann. Doch die Probleme wollen einfach nicht aufhören. Kein Raucher kommt auch nur im Entferntesten auf die Idee, dass das Rauchen seine Situation insofern verschlimmert, als dass die Entzugserscheinungen dafür sorgen, dass er gedanklich und emotional nicht mehr zur Ruhe kommt.

Diese künstliche Unruhe vergrößert die Tendenz sich unnötig Sorgen zu machen und Ängsten zu erliegen, wenn mal etwas schief läuft. Somit nimmt die Wahrscheinlichkeit mit einem kühlen Kopf und klarem Verstand auf Stress zu reagieren immer mehr ab, und das Gefühl die Zigaretten in solchen Situationen wirklich zu brauchen, um überhaupt irgendwie mal runterzukommen, nimmt zu.

Der größte Gewinn beim Aufhören liegt in Wahrheit in der Rückkehr der Fähigkeit, die eigenen Gedanken wieder fokussiert und sinnvoll einzusetzen zu können. Dann ist es durchaus möglich, den Stress in Ihrem Leben wieder als eine Herausforderung zu sehen, die Sie auch meistern können.

Doch der sicherlich tragischste Aspekt der mentalen Manipulation ist nun folgender:

Die Fähigkeit des Menschen kreativ zu sein, hebt uns vom Rest der Schöpfung deutlich ab. Menschen kommen auf die Idee einen Sonnenuntergang zu malen, sie erfinden Instrumente, um Musik zu machen, sie schreiben Gedichte, kein anderes Tier ist in dieser Form dazu in der Lage. Es ist vielleicht eine philosophische Frage, aber dennoch an dieser Stelle wichtig: warum machen wir das eigentlich?

Manch einer würde sagen, um sich zu entspannen. In der heutigen sehr hektischen Zeit sicher ein Argument. Doch vielleicht ist es einfach ein uns innewohnendes Bedürfnis Schönheit zum Ausdruck zu bringen. Ein Sonnenuntergang, ein schönes Gedicht oder eine Melodie berühren etwas in uns. Jeder einzelne Mensch hat bestimmte Neigungen, die ihn dazu bringen Dinge zu er-schaffen, die nicht unbedingt zum Überleben wichtig sind: stricken, basteln, gärtnern, singen, all die sogenannten Hobbies werden von uns wohl einfach deshalb ausgeübt, weil sie uns Spaß machen.

Die Natur hat jedoch dafür gesorgt, dass wir uns nicht in diesen Tätigkeiten verlieren, sondern uns auch immer wieder den wichtigen Dingen zuwenden wie Essen, Kleidung, Schutz, usw. Und das nicht nur für uns, sondern wir kümmern uns natürlich auch um das Wohl unserer Kinder. Unser Gehirn regelt das für uns, denn sobald z.B. Hunger aufkommt, verlieren wir die Lust an unseren Hobbies. Kein Mensch ist in der Lage ein schönes Bild zu malen, wenn er friert oder hungrig ist. Und keine Mutter ist in der Lage ihrem geliebten Hobby der Malerei nachzugehen, wenn das Baby schreit. Wir spüren in solchen Momenten einfach keine Lust dazu.

Nun stellen Sie sich vor, was passiert, wenn Ihrem Gehirn ein falscher Hunger vorgegaukelt wird. Die Folge ist, dass Sie schleichend immer mehr die Lust an Ihren Hobbies verlieren werden, denn unser Gehirn ist so programmiert, dass die Beseitigung lebenswichtiger Bedürfnisse Priorität hat. Bei harten Drogen wie Heroin ist sehr schnell zu beobachten, wie Betroffene alle Dinge, die ihnen einmal wichtig waren, Fußball, Tanzen, etc. schnellstens fallen lassen. Auch Nikotin hat diese Wirkung auf uns, nur deutlich langsamer. Unbemerkt verlieren die Raucher die Lust an früher geliebten Tätigkeiten. Sie denken, es liege daran, dass sie einfach älter geworden sind, weniger Zeit haben oder wegen dem ganzen Stress in ihrem Leben. Doch eine andere Erklärung könnte sein, dass die Entzugserscheinungen unser Gehirn dazu veranlassen, unbewusst nach Wegen zu suchen, diesen Hunger zu stillen. Ein sehr großer Anteil der Schriftsteller im 20.ten Jahrhundert waren Raucher, und zwar meist starke. Erst wenn der Hunger (sprich Entzugserscheinungen) einigermaßen gestillt ist, ist es dem Raucher möglich zu seiner Kreativität Zugang zu finden.

Heute ist dieses Problem insofern verschärft, als dass bei den meisten Arbeitsplätzen ein Raucherverbot herrscht. Die Entzugserscheinungen, die die Raucher nun länger ertragen müssen, führen daher zwangsläufig zu einer Kreativitätsminderung. Dem Raucher fällt immer weniger zur Lösung eines Problems ein, er hat vermehrt das Gefühl nicht weiterzukommen. Der Gedanke an eine

Zigarette taucht wie aus dem Nichts auf. Was tun? Eine Rauchpause einlegen. Danach machen viele Raucher tatsächlich die Erfahrung kreativer und produktiver arbeiten zu können als vor der Zigarette. Ihnen ist nicht klar, dass die Minderung ihres Aufmerksamkeitspotentials auf die permanenten inneren Entzugserscheinungen zurückzuführen ist, die dem Gehirn einen künstlichen Mangel suggerieren. Der Raucher glaubt, die Pause kombiniert mit der Zigarette verleihe ihm die nötige Inspiration. Ein weiterer Irrtum, der die Angst vor Verlust nährt.

Ziel dieser ganzen Ausführungen ist es nun, und wir möchten dies ausdrücklich betonen, Ihnen **nicht** klar zu machen, wie schlecht das Rauchen ist. Vielmehr geht es darum, Sie in die Lage zu versetzen zu erkennen, dass Sie im wahrsten Sinne des Wortes durch das Nikotin umprogrammiert werden. Sämtliche Bereiche Ihres Lebens werden von dieser Manipulation erfasst. Selbst wen wir beim ersten Kennenlernen sympathisch finden und wen nicht, hat bei vielen Rauchern unbewusst mit der Frage zu tun, ob es sich um einen Raucher handelt. Wozu Sie in der Freizeit Lust haben wird immer mehr von der Frage bestimmt, ob man dabei rauchen kann oder nicht. Als Folge des Nervengiftes kombiniert mit den penetranter werdenden Entzugserscheinungen erscheint das Leben immer anstrengender. Das führt dazu, dass langsam und schleichend der Raucher die Freude am Leben verliert und gleichzeitig die Zigaretten zunehmend als noch einzig verbleibende Freude empfindet. Die Wahrheit ist, dass Ihnen das Rauchen kein bisschen hilft, wenn Sie Stress haben, noch ist Ihre Lebenssituation wirklich so belastend, wie Ihnen das bisweilen vorkommen mag.

15. <u>Der Zwang</u>

Die letzte Phase der Nikotinsucht wird nicht von jedem Raucher erlebt, da es Jahrzehnte dauern kann, bis man diese schreckliche Erfahrung der totalen Unfreiheit macht. Hatte man zu Beginn seiner Raucherkarriere das Gefühl aus seinem eigenen freien Willen heraus zu rauchen, und nur selten das Gefühl gehabt rauchen zu müssen, ist es nun umgekehrt. Der Zwang zu rauchen wird täglich erlebt, nur selten kommt es noch vor, dass die Zigarette irgendeinen Genuss zu bieten scheint. Doch die nun fast täglich aufkommende Absicht mit dem Rauchen aufzuhören wird immer wieder überlagert von dem übermächtig scheinenden Verlangen nach einer Zigarette. In dieser Phase ist die Verzweiflung oft so groß, dass viele Raucher bereit sind Hilfe in Anspruch zu nehmen. Verständlicherweise wird dort um Rat gesucht, wo man glaubt auf Experten zu treffen: bei Ärzten, in der Apotheke oder bei einem Psychologen. Es steht außer Frage, dass die Medizin in vielen Belangen den Menschen eine Erleichterung bringt. Doch wer sich mit der Geschichte der Medizin oder auch der Psychologie befasst, stellt schnell fest, dass dieser Bereich menschlichen Wirkens nicht frei von erheblichen Irrtümern war, und es gibt keinen Grund anzunehmen, dass in der heutigen Zeit nicht auch noch der ein oder andere Irrtum bestehen könnte. Während z.B. völlig klar zu sein scheint, dass ein Heroinabhängiger während seines Entzugs kein Heroin bekommen darf, wird beim Rauchen „wissenschaftlich" argumentiert, dass Nikotinkaugummis, -pflaster, und -sprays dabei helfen könnten die Sucht zu beenden. Es gibt einen sehr guten und einfachen Grund, warum keine Krankenkasse diese Hilfen bezahlt: sie funktionieren ähnlich gut wie ein Placebo. Ein Placebo kann, das ist tatsächlich nachgewiesen, einen deutlich positiven Effekt auf den Verlauf einer Krankheit ausüben, doch wovon genau dieser Erfolg wirklich abhängt, weiß niemand. Das ist die einzige Erklärung, warum der ein oder andere Raucher von sich behaupten kann, diese Mittelchen, sei es nun Nikotinersatz, Psychopharmaka wie Zyban, oder irgendeine Spritze im Ohr hätten bei ihm funktioniert. Mit anderen Worten, diese Hilfsmittel könnten auch Ihnen helfen, ausgeschlossen ist es nicht. Die Wahrscheinlichkeit ist nur einfach nicht sehr hoch und wir sind nicht interessiert an einem Trial-and-Error-Experiment. Wir wollen Ihnen zeigen, wie man **ganz sicher** vom Rauchen loskommt, und das dauerhaft.

Dazu ist es jedoch nötig, den Mechanismus der Nikotinsucht erst einmal zu verstehen. Wenn Ihnen wirklich klar ist, wie dieser falsche Hunger Sie permanent manipuliert und in welchen Bereichen Ihres Lebens sich diese Manipulation manifestiert, sei es beim Thema Gewicht, beim Thema Stress oder vielleicht auch in Form von Depressionen, haben Sie eine hundertprozentige Chance vom Nikotin ohne irgendwelche Hilfsmittel loszukommen.

Das schreckliche an dieser letzten Phase ist die verheerende Wirkung des Rauchens auf das eigene Selbstwertgefühl. Dieses wird nochmal deutlich geschwächt, wenn eine bereits mit dem Rauchen in Verbindung stehende Krankheit aufgetaucht sein sollte. Schauen wir uns zunächst an, wie es zu der Überzeugung kommt, man sei den Zigaretten gegenüber völlig machtlos:

Es gibt beim Rauchen eine erschreckende Begleiterscheinung, die viele Jahre verdrängt werden kann. Wir sprechen hier von der recht plötzlich eintretenden Wesensveränderung, die ein Raucher durchläuft, der, aus welchem Grund auch immer, keine Zigaretten mehr hat. Vielleicht hat man sich vorgenommen aufzuhören und die Zigaretten selbst beseitigt, vielleicht war es nur ein dummer Zufall, dass die eigene Packung nun leer ist und man vergessen hat, neue zu kaufen. Eins steht jedenfalls fest: Jeder Raucher kennt die nun einsetzende Panik. Die nächste Tankstelle kann kilometerweit entfernt sein, doch nichts kann ihn in diesem Zustand aufhalten. Wer in sich schon einmal diese absolute Entschlossenheit erfahren hat, jedem Hindernis zum Trotz, einen Weg zu finden möglichst schnell an Zigaretten zu kommen, weiß in diesem

Moment ohne Zweifel, dass er abhängig ist. Diese Erfahrung macht uns Angst, denn es hat tatsächlich den Anschein, als ob etwas Mächtiges von uns Besitz ergriffen hat. Die meisten Raucher glauben nun, dass dieses „unter-Zwang-stehen" eine Folge der Entzugserscheinungen sei. Doch hier handelt es sich ebenfalls wieder um einen äußerst raffinierten Irrtum.

Um diesem Irrtum auf die Schliche zu kommen, müssen zwei Beobachtungen hervorgehoben werden, die ganz klar nicht zu der Annahme passen, die Entzugserscheinungen könnten unser Verhalten kontrollieren. Erstens gibt es zahlreiche Situationen, in denen ein Raucher mehrere Stunden nicht raucht und nicht das geringste Gefühl hat, er leide unter irgendeinem Entzug. Dazu gehört z.B. der Schlaf. Nach acht Stunden wacht kaum ein Raucher mit Panik auf. Tatsächlich sind sich die meisten nach dem Aufwachen überhaupt nicht darüber im Klaren, dass „starke" Entzugserscheinungen vorhanden sind. Doch tagsüber von einem klassischen Raucher zu verlangen, er solle einfach mal acht Stunden nicht rauchen, ist so gut wie unmöglich. Auch bei einem Aufenthalt im Krankenhaus stellen viele Raucher überrascht fest, wie leicht ihnen das Nichtrauchen gelingt. Viele kommen hier auf den Gedanken diese Erfahrung zum Aufhören zu nutzen. Kaum sind sie wieder zu Hause, zünden sie sich jedoch schnurstracks eine an, obwohl nicht die geringste Panik oder irgendein Zwang vorhanden war. Wenn die Entzugserscheinungen, wie allgemein angenommen, der Grund für die vorher beschriebene aufkommende Panik sind, warum wachen dann Raucher allmorgendlich nicht mit dieser Panik auf?

Zweitens geraten viele Raucher bereits in Panik, wenn sie bemerken, dass die Packung sich dem Ende zuneigt. Offensichtlich muss die Panik hier psychischer Natur sein, denn der Entzug kann körperlich noch nicht relevant sein, es sind ja noch Zigaretten in der Packung. Ebenfalls bemerkenswert ist der Umstand, dass zahlreiche Raucher, die sich für einen Nichtraucherkurs angemeldet haben, zunehmend in Panik geraten, je näher der Termin rückt. Zigaretten sind jedoch die ganze Zeit vorhanden, werden in dieser Situation sogar vermehrt geraucht. Wenn es stimmen würde, dass die Droge die Panik lindert, dann müssten die mehr gerauchten Zigaretten dazu führen, dass die Panik in einem Raucher vor einem Kurs abnimmt, das Gegenteil ist jedoch der Fall.

Mit etwas Distanz betrachtet zeigen diese Beispiele sehr deutlich, dass das Auftreten von Panik eine Kopfsache sein muss und keine direkte Angelegenheit des Körpers. Das ist eine äußerst gute Nachricht, denn sie bedeutet ganz konkret, dass man die Erfahrung beim Aufhören auch mental beeinflussen kann. Das Problem mit den Entzugserscheinungen und der Panik lässt sich in der Tat äußerst elegant lösen, vorausgesetzt: **man versteht worin das Problem genau liegt!**

Wir möchten jedoch klarstellen, dass wir nicht behaupten, ein Raucher würde sich die Panik einbilden. Ganz und gar nicht. Außer Frage steht auch, dass so mancher Raucher bei seinen früheren Versuchen furchtbar gelitten hat, nicht nur unter der Panik, sondern auch unter Depressionen, Unruhe, Gereiztheit, Schlafstörungen, etc. Die Ursache für diese Symptome jedoch, und das wollen wir Ihnen im Folgenden klar zeigen, **sind nicht körperlicher Natur!**

Durch das Begreifen der Mechanismen, mit deren Hilfe Sie bewusst diese „Entzugsphase" beeinflussen können, erlangen Sie tatsächlich die komplette Kontrolle über diesen Prozess.

Unter natürlichen Umständen ist Panik eine extreme Form der Angst, die dabei helfen soll, einer lebensbedrohlichen Situation zu entkommen. Dazu zählen beispielsweise Höhenangst oder die Bedrohung durch einen Angreifer. Es handelt sich dabei um einen instinktiv gesteuerten Überlebensmechanismus. Das erstaunliche an diesem Mechanismus ist die ungeheure Menge an Energie, die durch ihn bereitgestellt wird. Bei uns Menschen setzt nicht selten der klare Verstand im Zustand der Panik völlig aus. Heute, und das trifft vor allem auf den Menschen des westlich geprägten Kulturkreises zu, gibt es allerdings kaum noch lebensbedrohliche Situationen, denen man mithilfe der durch die Panik bereitgestellten Energie entkommen könnte. Was nicht heißen soll, es gäbe keinen Grund für die Panik. Wer von seinem Arzt z.B. eine Krebsdiagnose bekommt, gerät in den meisten Fällen erst einmal in einen extremen Angstzustand, einfach deshalb, weil er um sein Leben fürchtet. Doch die Panik nutzt dem Patienten in solchen Momenten rein gar nichts.

Man kann also ganz allgemein sagen, dass jede als lebensbedrohlich empfundene Situation das Potential hat uns in Panik zu versetzen. Doch was ist, wenn die lebensbedrohliche Situation eine Täuschung oder nicht real vorhanden ist? Kinder, deren Verhalten noch zu einem großen Teil instinktiv gesteuert wird, haben eine ziemlich große Angst vor der Dunkelheit, insbesondere vor einem dunklen Wald. Sollten Sie sich einmal mitten in der Nacht in einem Waldstück verfahren haben, hatten eine Panne und mussten zu Fuß weiter, werden Sie sich, sofern Sie kein Förster sind und damit an nächtlichen Wald gewöhnt, zumindest mulmig gefühlt haben. Es könnte auch sein, dass Sie die völlig zufällig durch Rascheln entstandenen Geräusche als Schritte eines Tieres fehlinterpretieren könnten. Diese durch Angst entstandene Wahrnehmungstäuschung könnte auch blitzschnell in Panik umschlagen (sollten Sie kurze Zeit zuvor einen Horrorfilm gesehen haben, in denen einige blutige Mordszenen in einem dunklen Wald stattfanden, ist es sehr wahrscheinlich, dass Sie sich noch mehr zusammenreißen müssen). Doch es gibt für uns Menschen im deutschen Wald keine wirkliche Bedrohung mehr. Obwohl das jeder Erwachsene weiß, würde jedoch kein Arzt seinem stressgeplagten Patienten Waldspaziergänge bei Nacht empfehlen. Die Erklärung für die bei rationaler Betrachtung unnötige Angst in einem dunklen Wald liegt in unserem evolutionären Erbe. Da wir Tagtiere sind, d.h. unsere Sinne sind auf Tageslicht abgestimmt, sind uns bei Nacht viele Raubtiere deutlich überlegen. Die Natur hat durch diese Angst dafür gesorgt, dass Menschen sich nicht unnötig in Gefahr begeben. Deshalb haben Kinder auch bei Dunkelheit das starke Bedürfnis in der Nähe ihrer Eltern zu sein. Sie können nicht anders. Lernen zu müssen bei Dunkelheit alleine zu schlafen ist mit Hinblick auf unseren Instinkt im Grunde völlig unnatürlich. Denn es ist sehr wahrscheinlich, dass der kulturelle Fortschritt der letzten Jahrhunderte, und damit einhergehend die Beseitigung einer Vielzahl natürlicher Bedrohungen, noch nicht dazu geführt hat, dass sich unsere genetisch vererbten Verhaltensmuster bereits angepasst haben.

Diese Überlegungen sind nun äußerst wichtig, denn sie zeigen, dass es durchaus einen plausiblen Grund für die Erfahrung von Panik geben kann, auch wenn, rein objektiv betrachtet, überhaupt keine Bedrohung vorhanden ist. Viele Menschen neigen jedoch dazu, die in ihnen aufkommende Angst als lächerlich hinzustellen. Vor allem bei Kindern wird so verfahren.

Es geht nun nicht darum grundsätzlich die Erziehung von Kindern in unserer Gesellschaft einer Pauschalkritik zu unterziehen. Wir wollen Ihnen nur bewusst machen, dass die größtenteils in der Gesellschaft vorhandene Einstellung zu Angst und Panik bereits im Kindesalter zu Konflikten führen kann. Und das wiederum könnte ein Grund dafür sein, warum irrationales, von Angst getriebenes Verhalten entweder abgewertet, verdrängt oder als krankhaft (s. Entzugserscheinungen) empfunden wird.

Raucher versuchen dieser Panik, die aus ihrer Erfahrung heraus damit zusammenhängt keine Zigaretten mehr zu haben, z.B. mithilfe von Medikamenten aus dem Weg zu gehen, oder aber sie verwahren Zigaretten sicherheitshalber in der Schublade auf, für den Fall der Fälle.

Wir wollen Ihnen folgendes deutlich machen: erstens ist die Panik nicht das wirkliche Problem beim Aufhören, so unangenehm sie auch sein mag, wenn sie auftaucht. Und zweitens gibt es tatsächlich einen Weg überhaupt nicht in Panik zu geraten, damit wären auch alle Hilfsmittel und Tricks völlig unnötig.

Die Fähigkeit des Menschen Gedanken zu produzieren hat, wie wir zu Beginn beschrieben haben, ihm einen gewissen Freiraum von festprogrammierten, instinktiv gesteuerten Verhaltensmustern ermöglicht. Um das Zusammenspiel zwischen Gedanken, Instinkt, lebensbedrohlicher Situation und Panik genauer zu verstehen, schauen wir uns nun ein Verhaltensbeispiel etwas genauer an, zu dem nur der Mensch in der Lage ist: der Saunabesuch.

Eine Sauna besteht aus einem kleinen Raum mit extrem hoher Temperatur (ca. 92 Grad). Für sich genommen stellt die Sauna also eine lebensbedrohliche Umgebung dar. Und wer vorher noch nie in einer Sauna war, wird nicht umhinkommen sich am Anfang unruhig zu fühlen. Saunanovizen erkennt man daran, dass sie sich einen Platz suchen, der möglichst nah an der Tür ist. Erst mit der Routine stellt sich die Gelassenheit eines typischen Saunagängers ein, der sich bei dieser unnatürlichen Hitze völlig entspannt hinlegen kann. Einem Tier ist ein solches Verhalten völlig unmöglich. Sofern Sie ein Haustier besitzen, können Sie sich vorstellen, wie es reagieren würde, wenn sie es mit in die Sauna nehmen würden? Wenn der Saunagang wirklich so gesund für das Immunsystem ist, wie generell angenommen wird, warum kommt keiner auf die Idee das Immunsystem seiner Katze oder seines Hundes ebenfalls auf diesem Weg zu stärken? Der Grund liegt auf der Hand: ein Tier gerät in einer Sauna ziemlich schnell in Panik. Die Ursache dieser Panik ist der Instinkt des Tieres, der die Hitze als lebensgefährlich interpretiert. Ein Tier mit in eine Sauna zu nehmen, wäre demnach nichts anderes als reine Tierquälerei. Eine wichtige Frage an dieser Stelle ist nun folgende: **warum** gerät der Mensch nicht in Panik? Weil man ihm erklärt hat, dass schwitzen gesund ist und er das im Gegensatz zu einem Tier verstehen kann? Vielleicht.

Variieren wir die Situation ein klein wenig. Die Sauna wurde abgeschaltet und hat sich auf angenehme 28 Grad abgekühlt. Zu diesem Zeitpunkt betreten Sie mit Ihrer Katze die Sauna. Die Katze fühlt sich sichtlich wohl und Sie auch. Da bemerken Sie, dass die Sauna wieder eingeschaltet wurde. Gleichzeitig hat jemand die Tür von außen verriegelt. Halten wir fest: die Situation an sich ist nicht lebensgefährlich, oder besser gesagt, noch nicht. In genau dem Moment, kurz nach der Verriegelung der Tür, können wir in der Sauna eine entspannte Katze sehen und ihren in Panik geratenen Besitzer. Damit wollen wir darauf aufmerksam machen, dass bei uns Menschen instinktiv gesteuertes Verhalten nach wie vor vorhanden ist. **Es ist aber abhängig von den Informationen, die man über eine Situation hat.** Der wahre Grund warum ein Saunagänger von einer Panik weit entfernt ist, obwohl sein Herz beginnt immer schneller zu schlagen und sein Körper auf diese lebensbedrohliche Temperatur reagiert, ist ganz einfach der, dass er weiß, dass er jederzeit raus kann. Er kann diesen Zustand also beenden, wann immer er will. **Er hat die Kontrolle.**

Und der wahre Grund, warum im zweiten Beispiel ein Mensch sofort in Panik gerät, obwohl die Situation selbst (noch) nicht lebensgefährlich ist, ist der, dass er weiß, dass er die noch in der Zukunft liegende lebensbedrohliche Situation nicht mehr kontrollieren kann. **Er hat die Kontrolle verloren.**

Es gibt nun zwei Punkte an den eben aufgeführten Beispielen, die wir kurz herausarbeiten wollen.

Höchstwahrscheinlich hat kaum ein Mensch persönlich je erlebt, dass jemand in einer Sauna umgekommen ist. Wir lernen es nicht in der Schule und auch Saunagänger reden so gut wie nie über die Möglichkeit in einer Sauna zu sterben. Woher wissen wir also, dass wir sterben würden, wenn wir zu lange drin bleiben? Die Frage klingt für Sie wahrscheinlich absurd, und doch ist die Antwort wichtig. Sie haben dieses Wissen nämlich nicht gelernt, es ist vielmehr instinktiv vorhanden. Unser Körper und unser Instinkt sind in der Lage ohne unser Bewusstsein, also unser erlerntes, rationales Wissen, eine Situation als lebensbedrohlich einzustufen.

Der zweite Punkt auf den wir nun hinweisen wollen ist der Faktor Zeit. Zeit spielt für instinktive Vorgänge nämlich keine Rolle. Mit anderen Worten, wenn man in einer verschlossenen Sauna sitzt, die noch nicht ihre volle Temperatur erreicht hat (in unserem Beispiel also 28 Grad), gerät man trotzdem SOFORT in Panik, auch wenn der Tod faktisch erst nach einigen Stunden eintreten würde.

Nun zurück zum Rauchen, und wir lenken unsere Aufmerksamkeit dabei erneut auf das Nikotin, das während des Abbaus unserem Instinkt Hunger vorgaukelt. Nochmals der Hinweis auf den Kuckuck an dieser Stelle: instinktiv gesteuertes Verhalten kann auch dann ausgelöst werden, wenn der auslösende Reiz nur in seinen relevanten Merkmalen **kopiert** wird. Der Instinkt ist dabei nicht in der Lage Informationen analytisch zu verarbeiten, d.h. weder können die vom Kuckuck missbrauchten Vögel sich Gedanken darüber machen, warum dieses eigenartige Junge so anders aussieht als man selbst, noch kann der menschliche Instinkt sich darüber wundern, dass ein äußerst starkes Nervengift das Überleben sichern soll. Der Instinkt reagiert einfach. Und der Hunger ist, ganz ähnlich wie der Saunabesuch, ein Zustand, der zum Tod führt, wenn er nicht beendet wird. Auch wenn wir das nicht explizit in der Schule oder von unseren Eltern so lernen, haben wir dieses Wissen in Bezug auf den Hunger auch instinktiv in uns. Der echte Hunger führt daher auch über ein anfängliches Unwohlsein hinaus zu echter Panik, wenn sich abzeichnet, dass keine Nahrung aufgetrieben werden kann. Und diese Panik wiederum kann auch uns Menschen so verändern, dass wir auf sehr eigenartige bis schreckliche Ideen kommen, um unser Überleben zu sichern. Berichte aus Konzentrationslagern oder anderen Kriegsgebieten, wie bspw. der Besetzung von Leningrad, liefern eindrucksvolle Belege von Grausamkeiten wie u.a. Kannibalismus. Es fällt einem schwer sich vorzustellen, dass der Hunger die Macht hat unsere Verhaltensweisen so tiefgreifend zu verändern, und doch ist jedem klar, dass es sich so verhält.

Der Vergleich mit der Sauna soll Ihnen dabei helfen zu verstehen, warum Sie manchmal in Panik geraten, wenn Sie keine Zigaretten mehr haben oder befürchten sie könnten ausgehen. Und warum Sie z.B. einen 10-stündigen Flug problemlos überstehen. Es hängt davon ab, was man über das Rauchen weiß oder genauer: was man über das Rauchen **glaubt.** Entweder Sie glauben, dass Zigaretten die Entzugserscheinungen, (das Gefühl des Hungers, der Unruhe oder der Depression) **beseitigen** können oder Sie glauben, dass sie diese **verursachen.** Da Sie in der Vergangenheit die Erfahrung gemacht haben, dass die Panik verschwunden ist, als Sie sich eine angezündet haben, schließen Sie daraus, dass Zigaretten (oder das was Zigaretten enthalten) Entzugserscheinungen mildern. Doch in Wahrheit haben die Entzugserscheinungen und die Panik keinen direkten Zusammenhang. Was sicher verschwunden war, war die Panik, aber nicht die Entzugserscheinungen. Aber ist dieser Unterschied nun wirklich so wichtig? Tatsächlich liegt hier eine wichtige Erkenntnis, die Sie zum Ausbruch aus Ihrem Gefängnis benötigen. **Denn die Panik hängt überhaupt nicht von den Entzugserscheinungen ab, sondern zu 100% nur davon, was Sie über die Situation zu wissen glauben.** Sie mögen glauben, dass Sie Entzugserscheinungen haben, wenn Sie in Panik geraten. In Wahrheit haben Sie „nur" ein **künstliches** Hungergefühl in sich. In Ihrem Instinkt ist die Information gespeichert, dass Hunger zum Tod führt, wenn man ihn nicht abstellt (dass es sich bei diesem Hunger um eine Täuschung handelt, kann der Instinkt ja nicht erkennen). **Sollten Sie also glauben, dass Zigaretten die Entzugserscheinungen beseitigen**, werden Sie früher oder später in Panik geraten, wenn Sie nicht rauchen. Auch wenn es nun einiges an Vorstellungsvermögen bedarf, ist es wichtig, den Unterschied zu begreifen. Die Situation ist nun vergleichbar mit dem Gefangensein in einer Sauna, die noch gar nicht heiß ist, aber abgeschlossen wird. Wenn Sie glauben, dass Sie mithilfe der Tür die tödliche Hitze beenden können, werden Sie in Panik geraten, wenn abgeschlossen wird – unabhängig davon, ob Sie bereits schwitzen oder nicht. Es geht um die Handlung, von der man annimmt, sie bewirke ein Beenden der lebensbedrohlichen Situation. Das ist beim Saunabesuch das Öffnen der Tür und beim Raucher das Anzünden einer Zigarette, **aber nur wenn der Raucher glaubt, die Zigaretten würden Entzugserscheinungen beseitigen!** Der Unterschied zwischen Sauna und Rauchen ist jetzt einfach der, dass die Bedrohung beim Rauchen vorgegaukelt wird, also eine komplette Täuschung darstellt. Das Nikotin macht sich die instinktiv vererbten Verhaltensmuster zunutze, die im Falle einer Hungersnot greifen würden, und die in jedem Menschen angelegt sind um das Überleben zu sichern.

Das ist der Grund, warum einige Raucher schon bei dem Gedanken mit dem Rauchen aufhören zu müssen in Panik geraten und sich gleich eine Zigarette anzünden. Wir möchten ausdrücklich wiederholen: **die Ursache der Panik ist <u>nur</u> der Glaube, Zigaretten würden Entzugserscheinungen oder die Panik beseitigen.** Doch in Wahrheit sind die Zigaretten die **Ursache** des falschen Hungers/der Entzugserscheinungen. **Sie beseitigen dieses rein körperlich äußerst schwache Gefühl definitiv nicht**, wenn Sie zur Zigarette greifen, sondern sorgen dafür, dass Sie diesen falschen Hunger einfach erneut spüren werden, wenn das eben gerauchte Nikotin wieder abgebaut wird. Und das ist der Grund, warum Sie einen zehnstündigen Flug überraschend ruhig erleben, Sie wissen schlicht und einfach, dass Sie nach dem Flug wieder rauchen können. Das gleiche trifft auf den achtstündigen Schlaf zu, kaum jemand wacht mit dem Bewusstsein auf, er würde von Entzugserscheinungen geplagt. Keine Spur von Panik, weil der Raucher eben weiß, er kann rauchen wann er will. Sie beeinflussen diese Erfahrung direkt, indem Sie überprüfen, was Sie über die Zigaretten und Entzugserscheinungen zu wissen glauben. Entweder Sie glauben, Zigaretten würden Entzugserscheinungen beseitigen, dann werden Sie früher oder später in Panik geraten, wenn Sie nicht rauchen. Oder Sie glauben, dass die Zigaretten **die Ursache** des Gefühls der inneren Unruhe und Leere sind. Dann sind sie vielleicht noch nicht glücklich darüber, dass Sie nicht mehr rauchen, geraten aber definitiv nicht in Panik.

Manche Ex-Raucher glauben, der Erfolg ihres Geheimnisses beim Aufhören sei der Umstand gewesen, dass sie absichtlich Zigaretten in der Schublade hatten und wussten, sollte es allzu schlimm werden, sie können ja jederzeit zu einer Zigarette greifen. In der Tat funktioniert diese Taktik im Hinblick auf die Panikvermeidung, dauerhafter Erfolg verspricht diese Methode jedoch kaum, da das Verlangen aufgrund der anderen Illusionen, wie Genuss oder Stresshilfe, früher oder später wieder auftauchen wird.

Daher besteht ein anderer Teil der Angst, die in dieser letzten Phase der Rauchergeschichte besonders intensiv erlebt wird, aus der Angst vor dem Verlangen an sich. Während das Verlangen in den ersten Jahren des Rauchens als eher angenehm empfunden wird, untermalt mit einem Gefühl der Vorfreude, hat das Verlangen nun einen eindeutig zwanghaften Charakter. Die Erklärung für dieses Phänomen wird wiederum im Körper gesucht, deshalb spricht man hier auch von einem „körperlichen Verlangen" oder, um die gestörte Psyche mit einzubeziehen, vom „Suchtdruck". Die Aussicht auf Erfolg würde nun davon abhängen, wie stark der eigene Wille ist, um diesem starken Verlangen entgegenzuwirken.

Es ist die zentrale Schlüsselfrage jeden Rauchers und die Kernbotschaft dieses Buches: gibt es einen Weg, wie man das Verlangen nach einer Zigarette loswerden kann? Oder muss man sich darauf einstellen, dass man bestenfalls erwarten kann die Kraft aufzubringen, gegen das Verlangen anzukämpfen, doch auftauchen wird es wohl immer wieder?

Vielleicht haben Sie an dieser Stelle des Buches bereits ein bisschen Vertrauen in unser Wissen entwickeln können. Sollte Ihnen bisher alles was erklärt wurde logisch erscheinen und sich mit Ihren eigenen Erfahrungen decken, haben wir eine wunderbare Nachricht: **es gibt einen Weg, wie man dauerhaft und leicht für immer das Verlangen nach einer Zigarette loswerden kann!**

Doch wir können keine Hände auflegen. Der Weg zum Erreichen dieses Ziels geht über Ihren Verstand. Das mag mehr Zeitinvestition erfordern als das Verabreichen einer Spritze ins Ohr. Vor allen Dingen müssen Sie Ihren Verstand auch aktiv einsetzen. Sie sollten sich nicht nur darauf konzentrieren, den Inhalt dieses Buches zu verstehen, sondern Sie sollten sich auch bemühen genau zu beobachten, welche Gefühle die Bespiele und Informationen in Ihnen entstehen lassen. Der Vorteil dieser Vorgehensweise ist, dass der Bewusstseinsprozess, der damit in Gang kommt nicht umkehrbar ist. Eines können wir Ihnen daher ganz klar versprechen: **Sie werden diesen Weg mit absoluter Sicherheit erfolgreich, d.h. als glücklicher, freier Nichtraucher beenden.** Die Voraussetzung dafür ist allerdings, dass Sie die Informationen, die Sie hier bekommen, auch tatsächlich umsetzen. Das passiert nicht automatisch. Unsere Erfahrung zeigt, dass vor allem Raucher, die von sich überzeugt sind, nicht so abhängig zu sein wie andere, sich deutlich schwerer tun auf diesem hier beschriebenen Weg aufzuhören als Raucher, die vielleicht schon seit Jahren unter einem verminderten Selbstwertgefühl leiden, weil sie es nicht schaffen das Rauchen unter ihre Kontrolle zu bringen. Beide Gefühle, Stolz sowie persönliche Herabsetzung sind ungerechtfertigt. Das Beispiel einer tödlichen Krankheit kann diesen Punkt verdeutlichen: sollten Sie eine lebensbedrohliche Krankheit haben, diese Krankheit bei Ihnen jedoch noch nicht so weit fortgeschritten sein, dass sie Ihre Lebensqualität negativ beeinflusst, wären Sie stolz auf Ihren Zustand, wenn Sie mit anderen kranken Menschen in Kontakt kämen, deren Zustand bereits dramatisch ist? Zutreffender wäre es wohl anzunehmen, dass Sie

Mitgefühl hätten, da Sie wissen, es ist nicht wirklich ihre Leistung, dass es mit Ihnen noch so gut steht. Gleichzeitig ist klar, dass Sie sich nicht dafür verachten würden, wenn Sie merken, dass Sie viel schlimmer dran sind als andere.

Wirklich niemand ist gerne krank und genauso gibt es niemanden, der gerne Raucher ist oder sich diesen Zustand so bewusst ausgesucht hätte. Richtig, Sie haben die erste Zigarette angezündet, Sie haben vielleicht auch nach einer rauchfreien, glücklichen Zeit die Falle unterschätzt, sind wieder hineingetappt und nun plagen Sie vielleicht Schuldgefühle.

Treffen Sie jetzt getrost folgende Entscheidung: lassen Sie nie mehr zu, dass das Thema Rauchen in Ihnen irgendwelche Schuldgefühle auslöst. Sie mögen im Moment Raucher sein, doch eines können wir Ihnen hundertprozentig versichern: **Sie sind nicht schuldig!**

16. <u>Willenskraftmethode</u>

Die folgenden Kapitel sollen nun dazu dienen, das eigentliche Problem des Rauchers zu lösen: die Beseitigung des Verlangens. Es handelt sich dabei um genau jenen Aspekt, den Raucher häufig mit folgenden Worten zum Ausdruck bringen: *„Es muss eben Klick im Kopf machen.“* Damit verbunden ist bei vielen die Annahme, dass ein Kurs, ein Buch, oder was auch immer, gar nicht helfen kann. Viele Raucher sind felsenfest davon überzeugt, dass dieser Klick irgendwann von alleine kommt. Wir möchten nicht ausschließen, dass es Fälle dieser Art tatsächlich gibt. Aber jeder vierte Raucher bezahlt das Warten mit seinem Leben.

Werfen wir einen Blick auf die klassische Methode mit dem Rauchen aufzuhören: der Willenskraftmethode.

Es gibt fast keinen Raucher, der es mit dem Einsatz seiner eigenen Willenskraft nicht schon versucht hätte von den Zigaretten loszukommen. Es sind im Kern zwei Faktoren, die bei diesem Ansatz problematisch sind. Der erste Faktor ist das Gefühl, etwas aufgeben zu müssen. Dieses Gefühl verstärkt die Tendenz sich einen geeigneten Zeitpunkt in der Zukunft auszuwählen, da man sich auf dieses „Opfer" erst einmal vorbereiten muss. Dieses Gefühl des „Aufgebens" ist auch dann noch präsent, wenn der Raucher längst begriffen hat, dass das Rauchen ihm deutlich mehr Nachteile bringt als Vorteile. Also beschließt man, die Zeit bis zu dem angepeilten Rauchstopp in vollen Zügen noch zu „genießen", was in der Regel dazu führt, dass der Zigarettenkonsum deutlich ansteigt. Das ist deshalb der Fall, weil der Raucher durch die Absicht mit dem Rauchen zu einem festgelegten Zeitpunkt aufhören zu wollen, sein schlechtes Gewissen und die Angst vor Krankheiten reduziert, die einzigen Kräfte (neben den ganzen Rauchverboten), die dem Verlangen zu rauchen entgegenstehen. Den gleichen Effekt auf das Rauchverhalten hat übrigens der Alkohol. Fast jeder Raucher weiß aus Erfahrung, dass er deutlich mehr raucht, wenn er alkoholisiert ist. Durch die enthemmende Wirkung des Alkohols werden ebenfalls alle rationalen Gründe gegen das Rauchen kaum noch wahrgenommen, und damit wird das Verlangen nach einer Zigarette stärker empfunden. Es ist nun wichtig zu verstehen, dass das Verlangen nach einer Zigarette nicht größer wird, wenn man Alkohol trinkt. Alkohol beseitigt nur die Gründe, die in unserem Bewusstsein das Verlangen unterdrücken. Gerade bei Gelegenheitsrauchern kann man gut beobachten, dass sie meistens in Verbindung mit Alkohol zur Zigarette greifen. Das bedeutet, dass Gelegenheitsraucher durchaus auch in der Zwischenzeit das Verlangen nach einer Zigarette spüren, aber die Gründe gegen das Rauchen noch mehr Gewicht besitzen als die Stärke ihres Verlangens. Das würde aber keiner dieser „glücklichen" Gelegenheitsraucher offen zugeben.

Der zweite problematische Faktor bei der Methode Willenskraft ist die feste Überzeugung, dass es sehr schwer ist, mit dem Rauchen aufzuhören. Erstens wegen der anfänglichen Entzugsphase, und zweitens wegen des starken Verlangens an sich, gegen das man noch einige Zeit wird ankämpfen müssen.

Wir bereiten uns also innerlich auf das Vorhaben mit dem Rauchen aufzuhören vor und motivieren uns zu diesem Schritt, indem wir uns das viele Geld bewusst machen, das wir sparen werden, und den Gefallen, den wir unserer Gesundheit damit tun. Viele kaufen sich ein Sparschweinchen und melden sich im Fitnessstudio an, um den Fokus auf diese wirklich wichtigen Vorteile des Aufhörens noch zu verstärken. Die Kunst besteht jetzt einfach darin, lange genug durchzuhalten bis man über den Berg ist. Und wann genau ist man über den Berg? Wann weiß man, dass man das Ziel nie mehr zu rauchen erreicht hat?

Vielleicht haben Sie sich manchmal darüber gewundert, warum Sie andere Ziele in Ihrem Leben durchaus erreichen, doch mit dem Rauchen aufhören will es einfach nicht klappen. Der Grund könnte folgender sein:

Nicht jedes Ziel wird auch erreicht. Aber eines steht fest: wenn man ein Ziel in der Zukunft anpeilt und darauf hinarbeitet, weiß man garantiert, dass ein Zeitpunkt kommen wird, an dem man ganz genau feststellen kann, ob das Vorhaben nun geklappt hat oder gescheitert ist. Ob es um einen Prüfungstermin geht oder darum, den Marathon zu gewinnen, Sie werden irgendwann wissen, ob Sie das Ziel erreicht haben. Wir wiederholen noch einmal die zentral wichtige Frage: Wann weiß ein Raucher, dass er wirklich **für immer** mit dem Rauchen aufgehört hat? Und wie viel Zeit ist maximal nötig, um dieses Ziel zu erreichen? Kann man das überhaupt wissen? Ist es nicht eher so, ähnlich wie bei einem Alkoholiker, dass man immer anfällig bleiben wird? Geht es daher nicht auch darum, diesen Umstand zu akzeptieren und trotzdem aufzuhören?

Die wirklich gute Nachricht: nein, so ist es nicht. **Man kann sehr wohl wissen, dass man niemals wieder rauchen wird.** Wir wissen es, und wir werden Ihnen zeigen, wie Sie dahin gelangen.

Der erste Denkfehler liegt in der Formulierung des Ziels. Raucher nehmen sich vor, wenn sie ihre letzte Zigarette geraucht haben, sich nie wieder eine anzuzünden. Sie betrachten also das Nicht-tun einer Sache als das Ziel und hoffen, wenn sie nur lange genug ausharren, werden sie erfolgreich sein. Was ist das Problem, wenn wir das Nichteintreten eines Ereignisses als Ziel definieren, das wir zu erreichen hoffen? Vielleicht hilft Ihnen folgendes Beispiel:

Stellen Sie sich vor, Sie beobachten eine Person, die sich mit einem Klappstuhl vor ein Kernkraftwerk setzt. Nachdem sie noch nach mehreren Tagen dort sitzt, entschließen Sie sich, diese Person zu fragen, warum sie das macht.

Person: *„Ich warte.“*

Sie*: „Ja, aber worauf warten Sie denn?“*

Person: *„Ich warte darauf, dass dieses Kernkraftwerk nicht explodiert.“*

Natürlich eine völlig absurde Situation, die es so nie geben wird. Überlegen Sie nun bitte trotzdem, wie lange diese Person warten wird (vorausgesetzt sie steht nicht auf). Logisch korrekt sind zwei Möglichkeiten: Entweder das Warten hat dann ein Ende, wenn das Kernkraftwerk explodiert oder wenn die Person stirbt. Man kann nämlich niemals mit Sicherheit wissen, ob eine Situation, vor der man Angst hat, nicht eintreten wird. Der tragischste Aspekt bei der Methode Willenskraft ist das Warten darauf, dass das Verlangen nach Zigaretten endlich verschwinden wird oder dass man „frei“ ist. Doch kennen wir alle Raucher, die schon seit Jahren nicht mehr rauchen und immer noch unter dem Verlangen nach einer Zigarette leiden. In Wirklichkeit gibt es für einen Raucher, der mit der Methode Willenskraft aufhören möchte, ähnlich wie für die Person vor dem Kernkraftwerk, zwei Alternativen: entweder das befürchtete Ereignis tritt ein oder man wartet solange auf den „Erfolg" bis man gestorben ist. Ein unachtsamer Moment, Alkohol, Raucher im Urlaub oder eine außergewöhnliche Stresssituation und wir werden „schwach", nur um es dann wieder zu bereuen, dass wir uns eine angezündet haben.

Der zweite Denkfehler liegt in der Formulierung der Absicht: *„Ich will mit dem Rauchen aufhören"*. Dieser Gedanke beginnt dann im Kopf eines Rauchers immer mehr Raum einzunehmen, wenn er merkt, dass das Rauchen ihm deutlich mehr Nachteile bringt als Vorteile. Und jeder Raucher erkennt schließlich irgendwann, dass ihm das Rauchen eigentlich gar nichts bringt. Aber warum dauert es mitunter Jahrzehnte, bis der Raucher das begreift, was jeder Nichtraucher sein Leben lang sehen kann? Der Raucher muss, wenn er wirklich Erfolg haben will, zuerst auf die Gründe schauen, aus denen er raucht. Die meisten schauen aber auf die Gründe, aus denen sie aufhören wollen.

Damit ist es unmöglich, sich von dem Verzichtsgefühl zu befreien, das, und das ist doch die gute Nachricht, <u>eine Täuschung ist</u> – aber als solche auch erkannt werden muss, um sich von ihr zu befreien!

Wenn ein Raucher die Frage nicht beantworten kann, warum er jahrelang viel Geld hingelegt hat, um eine sinnlose Tätigkeit auszuführen, die ihm rein gar nichts gebracht hat, mag er aufgrund der Motivationskraft, die die ganzen schrecklichen Krankheiten durchaus besitzen, eine Zeit lang aufhören. Aber spätestens dann, wenn eine Krise in seinem Leben auftritt und damit auch jenes Gefühl von Stress, das in seiner Erinnerung gelindert wurde durch die Wirkung einer Zigarette, wird der Raucher die Erfahrung machen, das Verlangen nach einer Zigarette zu spüren, und dies immer wieder, bis er einknickt und den so logisch klingenden *„nur eine"*-Gedanken denkt. Völlig unerheblich wie lange man „abstinent" war. Einmal Raucher, immer Raucher.

Sie dürfen also getrost damit aufhören, sich weiter Gedanken um die Krankheiten und das Geld zu machen, um aus diesen Nachteilen des Rauchens die nötige Motivation für die letzte Zigarette Ihres Lebens zu beziehen. Das heißt nicht, dass diese Punkte unwichtig sind. Doch diese Argumente werden dann kontraproduktiv, wenn man sie zum Aufhören benutzen möchte, weil sie entweder aus Angst oder aus Schuldgefühlen gespeist sind. Und genau diese negativen Gefühle wiederum bilden den Nährboden für das Verlangen nach einer Zigarette. Nutzen Sie die Argumente lieber um ganz klar zu erkennen, dass es sich beim Rauchen eindeutig um eine Form von Wahnsinn handelt. Menschen, die ein Vermögen für ein Gift ausgeben, das aus ihnen reine Sklaven macht, die infolgedessen reduzierte Lebensfreude empfinden, die ihrer Kraft, Energie und ihrer Würde beraubt werden, die sich selbst und andere immer wieder belügen, müssen in irgendeiner Form krank sein, sonst ist dieses absurde, sinnlose und zerstörerische Verhalten nicht erklärbar. Sie wollen nicht aufhören, um dann gesünder zu sein oder mehr Geld zu haben.

Sie wollen aufhören, weil Sie es satt haben von Tabakkonzernen und anderen Interessengruppen finanziell ausgenutzt, von der Gesellschaft gedemütigt und vom Nikotin versklavt zu werden!

Sich mit den negativen Seiten des Rauchens zu beschäftigen um aufzuhören, hat einen gewaltig störenden Nebeneffekt: Sie vergrößern nämlich indirekt die Annahme, Rauchen **müsse** irgendwelche Vorteile bieten. Folgendes Beispiel soll dies kurz veranschaulichen:

Jeder Mensch weiß, dass es nicht den geringsten Vorteil hat, sich mit einem Hammer auf den Daumen zu hauen. Das tut weh und bringt rein gar nichts. Doch niemand muss sich das immer wieder klar machen. Niemand „motiviert" sich dazu, sich nicht zu schlagen, indem er sich an die Schmerzen erinnert oder an die komischen Blicke der Nachbarn denkt, eben weil bei diesem Verhalten kein Vorteil existiert. Nur wenn man glaubt, ein gewisses Verhalten hätte einen Vorteil, muss man auf die Nachteile schauen, um es nicht zu tun. Der Ehemann schaut vielleicht auf die verletzten Gefühle seiner Ehefrau, um nicht fremd zu gehen. Doch das tut er nur, weil auch ein Vorteil existiert, nämlich ein evtl. heißes Abenteuer.

Das Rauchen hat aber **überhaupt keine Vorteile, nicht den geringsten,** von daher ist die Fokussierung auf all die Nachteile des Rauchens rein logisch betrachtet völlig sinnlos. Sollte nun der Hinweis auf das entspannende Gefühl kommen, das beim Rauchen manchmal entsteht, möchten wir direkt auf das früher erwähnte Beispiel mit den zu engen Schuhen verweisen. Zu enge Schuhe zu tragen hat in unserem Bewertungssystem **keine Vorteile,** auch wenn das Gefühl der Entspannung beim Ausziehen erwiesenermaßen echt und schön ist. Niemand muss sich immer wieder dazu überreden, keine zu engen Schuhe anzuziehen, aus genau diesem Grund. Doch indem beim Rauchen immer wieder die Nachteile besprochen, betont und aufgeblasen werden, lenkt man den Blick der Raucher unbewusst stärker auf die vermeintlichen Vorteile des Rauchens und weg von der Erkenntnis, dass kein Verlust existiert, nie existiert hat und auch niemals existieren wird, **denn Rauchen ist von Anfang an nichts anderes als eine rein unangenehme Erfahrung!** Genau wie das Tragen zu enger Schuhe!

Wer diese Wahrheit nicht sehen kann wenn er aufhört, wird früher oder später die Erfahrung machen an seinem Vorhaben nie wieder zu rauchen zu zweifeln. Und jeder Zweifel mündet letztendlich in den Kompromiss *„nur eine“.* Doch warum sollte man **diese eine** eigentlich wollen? Weil das Rauchen im Bewertungssystem des Exrauchers eben noch Vorteile besitzt.

Man weiß dann, dass man nie wieder rauchen wird, wenn man ganz klar verstanden und akzeptiert hat, dass kein Lebewesen auf diesem Planeten giftigen Rauch in der Lunge genießen kann, und dass das Rauchen exakt das Gegenteil von dem in der Realität manifestiert, was man über das Rauchen glaubt. Glauben Raucher die Zigaretten bieten Genuss, zerstören sie in Wahrheit unsere Geschmacksnerven, und damit die Fähigkeit geschmacklich zu genießen. Glauben Raucher, Zigaretten helfen dabei nicht dick zu werden, haben diese Raucher Probleme mit ihrem Essverhalten oder ihrem Gewicht. Glauben Raucher, die Zigarette gibt Halt bei Depressionen, sind diese Raucher meist unglücklich und neigen zu Depressionen. Glauben Raucher, sie rauchen aus freiem Willen, geraten sie in Panik beim Anblick einer leeren Schachtel. Glauben Raucher, sie sind als solche glücklich, warnen diese ihre eigenen Kinder eindringlich vor den Gefahren des Rauchens.

Aber wie wird man das Verlangen nach einer Zigarette denn nun wirklich los?

17. <u>Freiheit</u>

Die meisten Raucher und auch viele Experten zum Thema Nikotinsucht gehen fest davon aus, dass es manchen Rauchern nicht möglich sein wird, das Verlangen nach einer Zigarette komplett loszuwerden. Dazu werden verschiede Erklärungen herangezogen: die genetische Struktur des Rauchers, das Suchtgedächtnis, das Belohnungszentrum, das rauchende Umfeld, das u.U. noch raucht und ihn so immer wieder in Versuchung führt, die suchtfördernden Zusätze der Tabakindustrie, und nicht zu vergessen: seine mangelnde Willensstärke.

Manche Raucher berichten aber auch davon, das Verlangen nach einer Zigarette für lange Zeit überhaupt nicht mehr gespürt zu haben, als sie mit dem Rauchen aufgehört hatten. So absurd es klingt, nicht wenige fangen genau deshalb wieder an. Sie haben für sich den Beweis erbracht, dass sie offensichtlich jeder Zeit davon loskommen können. Es kann also gar nichts Schlimmes passieren, wenn man nach langer Zeit mal wieder „*nur eine*" zu einem gegebenen Anlass raucht.

Und in der Tat, versuchen Sie an dieser Stelle folgende Frage zu beantworten: angenommen wir könnten Ihnen zeigen, dass die Erfahrung, die generell Abhängigkeit genannt wird, eine Illusion ist, mit anderen Worten: wir könnten Ihnen also zeigen, wie man sich selbst von dem Verlangen nach einer Zigarette befreien kann, wären Sie dann nicht in der Lage wirklich nur dann zu rauchen, wenn Sie das möchten? Sie könnten nur am Wochenende rauchen, und wenn sich dann am Anfang der Woche das Verlangen nach einer Zigarette unerwünschter Weise zeigen würde, könnten Sie es abstellen bis zum nächsten Wochenende. Sie wären also wirklich frei. Oder nicht?

Vermutlich ahnen Sie schon, dass mit dieser Frage etwas faul ist. Tatsächlich ist die Frage jedoch vollkommen logisch. Sie finden die Frage nur deshalb eigenartig, weil Sie mit ziemlicher Sicherheit diese Variante des Rauchens schon ausprobiert haben. Fast jeder lebende Raucher hat schon eine Phase erlebt, in der er versucht hat nur die Zigaretten zu rauchen, die ihm wirklich viel bedeuten. Ihre Erfahrung hat Ihnen gezeigt, dass man mit diesem Gedankengang früher oder später auf die Nase fällt, aber warum?

Ist man nur dann wirklich frei, wenn man nie wieder rauchen <u>darf</u>? Oder wenn man sich immer wieder einredet, dass man nicht mehr rauchen will?

Bedeutet Freiheit nicht eher, dass man wirklich dann rauchen kann, wenn man Lust dazu hat, und es dann einfach sein lassen kann, wenn man nicht mehr möchte? Diesen Idealzustand sehen viele Raucher in einem Gelegenheitsraucher verwirklicht. Spüren Sie genau hier aufrichtig in sich hinein: Wären Sie gern ein Gelegenheitsraucher? Wären Sie gerne eine Person, die völlig frei darüber entscheiden kann, wann sie raucht und wann nicht?

Vielleicht ahnen Sie auch, dass es nicht um die Einstellung geht, sich nie wieder eine anzünden zu dürfen, sondern eher darum, dass man sich keine mehr anzünden will. Die Frage ist nun, ob Ihr Gefühl das auch so sieht. Man kann sich eben nichts vormachen: entweder man hat das Gefühl, dass man verzichtet oder man hat es eben nicht. Selbst wenn Sie bereits zu erkennen glauben, dass das Ziel darin besteht, sich immer wieder klarzumachen, dass man auf nichts verzichten muss, haben Sie wahrscheinlich Angst davor. Und das aus gutem Grund: es stimmt nämlich nicht!

Sich einfach immer wieder daran zu erinnern, dass man auf nichts verzichten muss, führt ganz sicher nicht dazu, dass Sie keine Zigaretten mehr wollen!

Angenommen Sie sind ein Mann, der die Schönheit des weiblichen Geschlechts mit Leidenschaft genießen kann, und man hat, um Sie anzulocken, eine Holzpuppe mit angeklebten Reizen auf einen Barhocker genagelt. Vorausgesetzt Ihre Augen funktionieren noch gut und Sie erkennen die Täuschung, müssten Sie sich immer wieder klar machen, dass Sie auf nichts verzichten, wenn Sie einfach an ihr vorbeigehen?

Wenn man sich immer wieder sagen muss, dass kein Verzicht da ist, dann ist er da. So einfach ist das. Und das ist beim Rauchen nichts anderes als ein Raucher der Willenskraft einsetzt. Der Teil seines Gehirns, der gegen das Verzichtsgefühl ankämpft, sucht verzweifelt die passenden Informationen, die es ihm u.U. schon einmal ermöglicht haben, vom Rauchen loszukommen. Doch in der Regel funktionieren sie kein zweites Mal. Damit nehmen im Raucher, der den aufrichtigen Wunsch hat aufzuhören, die Angst und die Verzweiflung zu.

Der Schlüssel liegt in Ihrem Gefühl, nicht in Ihrem Verstand!
Natürlich gibt es eine Verbindung zwischen beiden, aber Gefühle ändert man sicher nicht – wir korrigieren: oder nur sehr schwer –

wenn man sich immer wieder einreden muss, man hätte ein bestimmtes. Auch wenn es für den Verstand sicher logisch klingt,
dass man sich doch einfach darüber freuen kann, nicht mehr zu
rauchen, gibt es einen Grund dafür, warum Ihr Gefühl da (noch)
nicht mitzieht. Sie müssen Ihre volle Aufmerksamkeit auf das
Gefühl lenken – Angst, Verzicht, Depression – und zunächst
müssen Sie verstehen, dass sie diese Gefühle in Bezug auf das Aufhören nicht zum Verschwinden bringen können, indem Sie sich
klarmachen, dass Rauchen sinnlos ist (das wissen Sie nämlich
schon lange!).

Wie Sie nun vielleicht bemerken, scheint die Situation etwas
ausweglos zu sein. Aus diesem Grund wollen wir dieses Dilemma
mit den Gefühlen ganz bewusst einfach so liegen lassen und uns
zunächst noch einmal dem zuwenden, was Sie im Rauchen zu
sehen glauben. Dann wenden wir uns den Gefühlen erneut zu.

18. <u>Gewohnheit</u>

Die Gesellschaft betrachtet das Rauchen größtenteils als eine Gewohnheit. Eine Gewohnheit nennen wir ein Verhalten dann, wenn
es regelmäßig erfolgt, oft ist auch ein gewisser Automatismus im
Laufe der Zeit entstanden. Man raucht z.B. meist in Verbindung
mit anderen Ritualen, wie einer Tasse Kaffee oder vielleicht
typischerweise nach dem Einkaufen, zwischen dem Putzen oder
auf dem Nachhauseweg. Und allgemein wird davon ausgegangen,
dass Gewohnheiten schwer zu brechen sind. Aber ist das wirklich
richtig?

Nehmen wir an, Sie haben die Gewohnheit nach dem Essen mit
Ihrer Familie die Küche wieder in Ordnung zu bringen und sauber-
zumachen. Gehen wir davon aus, dass Sie das schon seit vielen
Jahren so praktizieren. Haben Sie Schwierigkeiten damit, nach

dem Essen in einem Restaurant sitzen zu bleiben? Spüren Sie den Drang zur Restaurantküche zu gehen, um dort ein wenig saubermachen zu können, weil Sie das so gewohnt sind? Höchstwahrscheinlich nicht.

Wie viel Zeit benötigen Sie um sich anzupassen, wenn Sie Jahrzehnte lang ein Auto mit Gangschaltung gefahren sind und dann auf ein Auto mit Automatikgetriebe wechseln?

Vielleicht haben Sie sich auch schon Mal ein Mietauto in einem Land nehmen müssen, in dem man auf der linken Straßenseite fährt. Ist es nicht erstaunlich, wie schnell man sich solchen Situationen anpassen kann? Unser Gehirn ist in der Lage tief sitzende Gewohnheiten relativ schnell zu ändern, wenn es die Situation erfordert.

Die meiste Zeit betrachten wir das Rauchen als eine Gewohnheit, weil es mit teils unbewusster Regelmäßigkeit abläuft, wie das Betätigen der Gangschaltung in einem Auto. Doch jeder Raucher kennt auch Situationen, die bei genauerer Betrachtung eindeutig ein weiteres Element mit ins Spiel bringen: die Abhängigkeit, die Sucht, den Zwang rauchen zu müssen. Dann nämlich, wenn die Zigaretten uns zu früh ausgegangen sind und wir uns spät nachts auf dem Weg zur Tankstelle wiederfinden. Oder wenn wir bei Krankheit rauchen und deutlich spüren, dass Genuss nun wirklich überhaupt keine Rolle beim Rauchen dieser Zigarette spielt.

Nun scheint es zunächst keinen Wiederspruch in der Annahme zu geben, Rauchen sei eine Gewohnheit **und** eine Abhängigkeit. Selbst Experten zum Thema Rauchen weisen immer wieder darauf hin, dass zwei Faktoren betrachtet werden müssten: zunächst einmal die Abhängigkeit vom Nikotin an sich, und dann die durch das Rauchen entstandenen gewohnheitsmäßigen Verhaltensmuster, die schwer zu brechen sind.

Äußerst verwirrend ist nun ebenfalls der Umstand, dass in unserer Gesellschaft immer mehr Verhaltensweisen als Sucht bezeichnet werden. Dazu gehört die Annahme, dass Marathonläufer nach dem körperlichen Hochgefühl süchtig seien, dazu gehört die Internetsucht, sowie die Computerspielsucht, und natürlich auch die Sexsucht. Selbst Pilze-Sucher sprechen davon, süchtig zu sein. Stricken, Sudoku, Motorradfahren, zu all diesen Verhaltensweisen werden Sie Menschen finden, die zugeben danach süchtig zu sein. Sicher kommt bei diesen Verhaltensweisen ein gewisser Zwang mit ins Spiel, den die Beteiligten erfahren. Selbst Liebespaare sagen zuweilen: „Ich bin so süchtig nach dir". Halten wir fest: wenn wir in der Alltagssprache von Sucht sprechen, meinen wir Verhaltensweisen, die wir mit einem gewissen Drang verfolgen, die jedoch, und das ist wichtig, uns zumindest am Anfang auch gewissen Spaß oder Freude bereiten. So gesehen gibt es fast nichts, das Spaß macht, von dem man nicht auch süchtig werden könnte.

Wir wollen nicht generell abstreiten, dass manche Menschen tatsächlich sich mit zwanghaften Verhaltensweisen gewisse Probleme aufhalsen. Tiger Woods, dessen Sexsucht in sämtlichen Medien mehrere Wochen lang breitgetreten wurde, kann davon sicher ein Lied singen. Vermutlich hat er auch professionelle Hilfe in Anspruch genommen.

Da viele Jugendliche in der Tat stundenlang vor ihren Computern verbringen und übers Internet sich mit anderen Mitspielern in virtuellen Welten verlieren, ist es durchaus angebracht, sich darüber Sorgen zu machen. Trotzdem zweifeln wir daran, ob es wirklich richtig ist, in diesem Zusammenhang von echter Sucht zu sprechen. Vielleicht würde es helfen, wenn wir etwas genauer definieren, was wir unter Sucht verstehen.

Dazu ist es sehr hilfreich mit einer Reaktion von Rauchern anzufangen, die fast allen Rauchern bekannt ist, wenn sie sich mit Gelegenheitsrauchern unterhalten: der Neid. Dieses Neidgefühl, das in der Regel dann empfunden wird, wenn uns einer dieser glücklichen Gelegenheitsraucher wieder erzählt mit welch unglaublicher Leichtigkeit er selbst kontrolliert, wann er rauchen möchte und wann nicht, ist wiederum gekoppelt mit Gedanken dieser Art: *"Wenn ich das nur auch könnte! Wenn ich doch nur auf einer Party rauchen und danach einfach so wieder aufhören könnte, das wäre wirklich wunderbar!"*

Übertragen wir kurz dieses Beispiel auf einen Marathonläufer, der u.U. so viel trainiert, dass er glaubt süchtig zu sein. Wie würde so jemand, der viel Erfahrung, Ausdauer und Kompetenz auf diesem Gebiet erworben hat, reagieren, wenn jemand zu ihm sagen würde: *„Ach, ich lauf auch manchmal ein bisschen durch den Wald, aber nur am Wochenende. Danach lass ich es dann einfach wieder bleiben."* Glauben Sie er hätte das Gefühl von Neid? Wohl kaum.

Ein Jugendlicher bleibt zum zweiten Mal in der gleichen Klasse sitzen, weil er fast seine gesamte Freizeit damit verbringt, in einem Online-Spiel weiterzukommen. Nun erwähnt jemand in einem Gespräch zufällig dieses Spiel und sagt: *„Also es ist ein wirklich spannendes Spiel, das richtig süchtig macht. Ich spiele jedoch nur ab und zu, zweimal im Monat vielleicht."* Löst diese Aussage nun bei dem anderen Neid aus? Wir glauben nicht.

Jemand, der von Tiger Woods´ Problem gehört hat, spricht ihn darauf an und sagt: *„Sex! Mach ich nur ab und zu, an Weihnachten und an Ostern vielleicht, danach lass ich es einfach wieder bleiben."* Glauben Sie, Tiger Woods wäre jetzt neidisch?

Man kann unzählige weitere Beispiele anführen, doch es wird immer wieder darauf hinauslaufen, dass Sie nicht erklären können, warum genau ein Raucher auf einen Gelegenheitsraucher so neidisch ist, dieser Neid bei Tiger Woods aber mit Sicherheit ausbleibt, wenn er hört jemand hätte nur zu bestimmten Gelegenheiten Sex.

Wir wollen nun herausarbeiten, woran das liegen könnte. Es wäre hilfreich, wenn Sie irgendeine eigene Erfahrung z.B. mit Computerspielen, Internet oder Stricken selbst mit einbringen. Wir werden exemplarisch das Beispiel mit einem Marathonläufer etwas genauer unter die Lupe nehmen.

Der freie Wille:

Für den Durchschnittsbürger ist es oft nicht nachzuvollziehen, warum manche Menschen stundenlang durch die Gegend joggen. Deren Gesichtsausdruck lässt dabei auch nicht unbedingt auf Glücksgefühle schließen. Doch angeblich ist es das „runner's high", das Laufbegeisterte abhängig macht. Sind sie von diesem Gefühl abhängig geworden? Das könnte sein, aber es gibt hier einen deutlichen Unterschied zum Rauchen: das wichtigste Instrument, das Raucher zum Rauchen benötigen ist die Lunge. Doch selbst wenn man von einer Bronchitis geplagt wird oder gar eine schlimmere Diagnose vom Arzt bekommt, hält das Raucher nicht wirklich vom Rauchen ab. Keiner käme auf die Idee seine Lunge zu schonen, damit man möglichst bald wieder so richtig losrauchen kann. Manche rauchen zwar weniger, aber nur weil sie nicht komplett aufhören können.

Beim Laufen ist das anders: bricht man sich das Bein, oder hat eine schmerzhafte Entzündung in den Gelenken, wird man sich ganz bewusst schonen, um möglichst schnell wieder fit zu sein. Man mag zwar deswegen deprimiert sein, geht aber ganz sicher nicht bei Nacht und Nebel heimlich raus, nur um ein paar Kilometer zu rennen.

Der Vorteil:

Ein leidenschaftlicher Marathonläufer zu sein hat offensichtlich ein paar beneidenswerte Vorteile: diese Menschen sind so gut wie nie dick, haben eine Top-Kondition und scheinen auch über mehr Energie zu verfügen als jemand, der die meiste Zeit seines Lebens im Sitzen verbringt.

Darüber hinaus knüpft man soziale Kontakte, profitiert dabei von den Tipps anderer und ist häufig an der frischen Luft. Vielleicht tritt man einem Verein bei und trainiert ab und zu in einer

Gruppe. Sollte man eigene Kinder haben, wird man versuchen die Kleinsten möglichst früh für das Laufen zu begeistern.

Doch auch bei einem Marathonläufer kommt irgendwann der Zeitpunkt, an dem er Abstand zu seiner zeitintensiven Tätigkeit gewinnt, spätestens dann, wenn sein Alter es einfach nicht mehr zulässt. Ganz sicher wird er seinen Enkeln nicht den Rat geben: „Seid ja nicht so dumm mit dem Laufen anzufangen!"

Wir wollen den Begriff der Gewohnheit nun etwas genauer eingrenzen. Bei einem regelmäßig ausgeübten Verhalten handelt es sich dann um eine Gewohnheit, wenn dieses Verhalten mit einem **Vorteil** für uns verbunden ist. Dieser Vorteil kann der einfache Spaß sein, den wir währenddessen empfinden, kann aber auch zweckdienlicher Natur sein, wie das Zähneputzen oder das Betätigen der Gangschaltung in einem Auto.

Vergleichen wir die oben beschriebenen Punkte mit dem Rauchen. Zur Erinnerung: Ziel der Ausführungen ist es zu klären, inwiefern und ob überhaupt das Rauchen eine Gewohnheit ist.

Der freie Wille:

Viele Raucher behaupten zwar gerne Raucher zu sein, doch gibt es keinen Raucher, der vor seinen eigenen Kindern diese Meinung vertritt. Alle Eltern warnen ihre Kinder davor, ja nicht mit dem Rauchen anzufangen. Doch warum wird den meisten Rauchern erst sehr spät klar, dass sie die Kontrolle verloren haben? Sie haben die Kontrolle nicht *verloren*, sie haben sie in Wahrheit nie gehabt. Man merkt diese Tatsache nur deshalb so spät, weil das Nikotin sich in unseren Hungermechanismus einschleicht. Und es ist eine Illusion des Hungers uns in dem Glauben zu lassen, wir würden aus freiem Willen essen. Doch diese Illusion ist zeitabhängig. Wenn genügend Zeit verstrichen ist, wissen wir, dass wir essen müssen. Beim Rauchen ist das genauso. Die Illusion sich freiwillig eine anzustecken, ist ebenfalls abhängig von der Stärke des falschen Hungers. Besonders in der Anfangszeit sind die Entzugserscheinungen einfach zu schwach, als dass sich in uns der Zwang zu rauchen manifestieren kann. Doch nur weil man diesen Zwang (noch) nicht empfindet, heißt das nicht, dass man freiwillig raucht, genauso wenig wie die Menschen im Mittelalter wirklich freiwillig ihr Geld der Kirche gegeben haben, auch wenn man es ihnen sicher nicht aus den Händen gerissen hat. Sie wurden angelogen. Wir behaupten: wenn **Sie** die Wahl hätten, ob Sie rauchen oder nicht, **dann wären Sie schon längst Nichtraucher!**

Der Vorteil:

Welchen Vorteil hat das Rauchen? Bevor Sie allzu schnell *„Nichts"* antworten, möchten wir Sie bitten, sich vorher eine schöne Situation auszumalen. Nehmen Sie sich dafür ein bisschen Zeit:

Es ist Sommer und Wochenende. Sie haben ein paar nette Freunde, die Sie lange nicht mehr gesehen haben, zu einem kleinen Grillabend in Ihrem Garten eingeladen. Der ganze Tag ist daher mit Vorbereitungen ausgefüllt. Sie waren einkaufen, haben Salate gemacht, den Rasen gemäht, den Grill geputzt, Getränke kaltgestellt. Die ersten Gäste erwarten Sie so gegen fünf. Der ganze Tag ist mit Vorfreude untermalt, die vielleicht ein wenig dadurch getrübt wird, dass die ganzen Vorbereitungen anstrengender waren, als Sie das erwartet hätten, doch um halb fünf haben Sie endlich alles erledigt. Da gönnen Sie sich eine Pause, setzen sich mit einem gut gekühlten Getränk auf Ihre Gartenmöbel, legen die Beine hoch, freuen sich über das angenehme, sonnige Wetter und über die zwitschernden Vögel. Natürlich haben Sie beim Einkaufen nicht vergessen, sich Zigaretten zu besorgen. Eine dieser glänzenden neuen Packungen liegt nun neben Ihnen, Sie nehmen nochmal einen Schluck von Ihrem herrlich erfrischenden

Getränk, öffnen die Packung und nehmen sich eine Zigarette. Sie stecken sie in den Mund, zünden sie an, machen einen tiefen Zug und lehnen sich nochmal ganz bewusst zurück in dem Wissen, alles in Ihrer Macht stehende getan zu haben, damit dieser Grillabend auch gelingt.

Welches Gefühl entsteht in Ihnen, wenn Sie sich dieses Bild vorstellen? Bei den meisten Rauchern, die unsere Kurse besuchen, macht sich ein leichtes Grinsen im Gesicht bemerkbar.

Tatsächlich machen Raucher einen recht großen Unterschied zwischen ihren Zigaretten. Über viele ärgert man sich: die Zigaretten, die man in der Kälte raucht, weil man auf den Bus wartet, die Zigaretten, die man aus Ärger raucht oder aus purer Gewohnheit, d.h. ohne konkreten Grund, etc. Aber es gibt in der Vorstellung eines Rauchers auch diese schönen Momente: Wenn man mit seinem/r Liebsten nach dem Liebesspiel raucht, die Zigarette mit Freunden draußen auf dem von der Sonne beschienenen Balkon, zählen Sie ruhig Ihre Momente hinzu, die Ihnen gerade einfallen. In solchen Situationen scheint für viele die Zigarette das i-Tüpfelchen zu sein.

Das Dilemma liegt auf der Hand: sollten Sie ein angenehmes Gefühl spüren, wenn Sie sich eine solche Situation vorstellen, dann ist klar, dass beim Eintreten dieser Situation, sofern Sie nicht rauchen sollten wohlgemerkt, ein kleiner Stich sich in Ihnen bemerkbar machen wird: **das Gefühl, etwas zu vermissen.** Sollten Sie jetzt alkoholische Getränke zu sich nehmen und von lauter gut gelaunten Rauchern umgeben sein, ist es sehr wahrscheinlich, dass Sie dem Gedanken *„Ach, nur eine!“* nicht lange werden widerstehen können. Erst recht nicht, wenn Sie bereits die Erfahrung gemacht haben, wie leicht das Aufhören im Grunde genommen doch ist. Ist es nun wahr, dass man für den Rest seines Lebens damit rechnen sollte, immer mal wieder in solche Situationen zu kommen? Wird das Gefühl, hin und wieder angreifbar zu sein, u.U. niemals verschwinden?

Die gute Nachricht: es wird verschwinden. Aber nicht durch einreden. Sie können nicht ausschließlich mit Ihrem Verstand diesem Dilemma entkommen. Sie erreichen das Ziel nur, und das betonen wir ausdrücklich, **wenn Sie <u>wirklich</u> nichts vermissen!**

Um zu dieser Erkenntnis zu gelangen, hilft eine Technik, die wir im Zusammenhang mit dem Ablasshandel angesprochen haben: die Distanz. Sollten Sie sich mit dem oben beschriebenen Dilemma identifizieren können, sind Sie im Moment in Ihren eigenen Ängsten zu verwickelt um den Ausweg zu erkennen. Wir können an dieser Stelle keine zeitliche Distanz zu Ihrem Rauchverhalten schaffen, doch es ist möglich einen Abstand zu seinen verwirrten Gefühlen und Gedanken zu bekommen, indem man die eigene Situation auf eine andere, ähnliche Problemsituation, in der man nicht gefangen ist, überträgt. Die Änderung der Perspektive kann dabei helfen, Auswege zu finden, die für Sie im Moment noch nicht sichtbar sind.
Es ist nun wichtig die folgenden Beispiele aufmerksam zu lesen, und nehmen Sie sich bitte vor, sämtliche Ausführungen vorurteilsfrei anzuhören. Danach treffen Sie die Entscheidung, ob Sie dem zustimmen können oder nicht.

Die meisten Menschen haben eine mehr oder wenig starke Abneigung gegen Spritzen. Das Gefühl unmittelbar vor dem Einstich durch eine Krankenschwester oder einen Arzt ist daher ein eher unangenehmes. Nun gibt es aber bei Heroinabhängigen das Phänomen der „Spritzengeilheit". Damit ist jenes Gefühl gemeint, das sich unmittelbar vor dem Einstich in einem Heroinabhängigen bemerkbar macht. Sie mögen einwenden, dass Sie das nachvollziehen können, da Sie ja der Meinung sind, er freue sich über den Inhalt oder dessen Wirkung. Zunächst scheint da auch nichts dran auszusetzen sein, wenn nicht Heroinabhängige selbst sagen würden, sie bräuchten das Heroin um **normal** zu sein.

Aber warum kriegen dann Heroinabhängige beim Anblick Ihrer Spritze immer dieses angenehme Gefühl? Natürlich wegen der Vorfreude, aber worauf freuen Sie sich? Auf das Gefühl normal zu sein? Das würde man auch ohne Spritzen wieder kriegen. Vielleicht freuen sie sich doch eher auf das Ende der Entzugserscheinungen?

Nun fällt noch etwas auf: Heroinabhängige haben absurderweise eine immense Angst vor anderen Spritzen, z.B. jene vom Zahnarzt. Es gibt Heroinabhängige, die sich eher die Zähne verfaulen lassen, als zum Zahnarzt zu gehen **aus Angst vor der Spritze.** Warum können sie nicht ihre Fähigkeit nutzen, sich auf Spritzen zu freuen, wenn es wirklich einen Vorteil hat eine Spritze zu bekommen?

Stellen Sie sich kurz einen Diabetiker vor, der vor seiner Insulinspritze sitzt. Welches Gefühl glauben Sie hat er kurz vor dem Einstich? Wenn Sie nun vor Ihrem geistigen Auge das Gefühl des Heroinabhängigen, der vor seiner Heroinspritze sitzt, mit dem Gefühl des Diabetikers vergleichen, glauben Sie, es ist das gleiche Gefühl? Wenn Sie unsere Meinung teilen, dann hat ein Heroinabhängiger beim Anblick seiner Heroinspritze ein ganz anderes Gefühl als der Diabetiker beim Anblick seiner Insulinspritze.

Es geht bei diesem Vergleich nicht darum pauschal einen Heroinabhängigen mit einem Diabetiker zu vergleichen. Es geht nur darum herauszufinden, warum der eine beim Anblick seiner Spritze ein anderes Gefühl hat als der andere, obwohl, und darauf kommt es jetzt an: sich beide regelmäßig spritzen und das tatsächlich aus sehr ähnlichen Gründen. Beide haben Angst vor dem was auf sie zukommen würde, würden sie es nicht tun. Beim Heroinabhängigen der Horror durch die Entzugserscheinungen, beim Diabetiker der Schock. Es geht übrigens auch beiden besser, wenn sie sich gespritzt haben. Beide sind krank und wünschen sich, sie würden sich nicht spritzen müssen. Beide haben sich ihre Krankheit nicht ausgesucht. Auch der Heroinabhängige nicht. Er war in seiner Jugend einfach zu neugierig, so wie Sie neugierig auf

Ihre erste Zigarette waren, dass es so mit ihm enden würde hatte er bei seiner ersten Dosis Heroin ganz sicher nicht erwartet.

Bedenkt man nun, dass der Heroinabhängige sich völlig im Klaren darüber ist, dass der Inhalt seiner Spritze ihn umbringt, während der Diabetiker weiß, dass der Inhalt seiner Spritze sein Leben verlängert (also auch mehr Zeit mit seinen Liebsten ermöglicht), müsste von diesem Standpunkt aus betrachtet eigentlich der Diabetiker sich auf seine Spritze freuen, denn er hat einen echten Grund.

Es geht um folgenden Punkt: wenn man sich mit den Aussagen Heroinabhängiger beschäftigt, fällt auf, dass aufgrund ihrer Erklärungen die Freude oder „Geilheit" auf die Heroinspritze gar nicht verstanden werden kann. Man hat dieses Phänomen einfach akzeptiert. Abhängige selbst sprechen oft davon, dass sie glauben, eine Art Selbstzerstörungstrieb zu haben, um dieses absurde Gefühl irgendwie zu erklären. Dieses Argument erscheint dann logisch, wenn das Heroin einfach keine Vorteile mehr zu bringen scheint, sondern der Süchtige aus reinem Zwang heraus handelt. Der Zwang, die Sklaverei und das Elend auf der einen Seite, und die Gefühle der Vorfreude, die beim Anblick einer Spritze auftauchen auf der anderen, stellen für jeden Süchtigen selbst eine große Diskrepanz dar, die leider meist enorme Minderwertigkeits- und Schuldgefühle im Betroffenen verursacht. Genau jene Gefühle also, die wiederum die Basis bilden für den Glauben, die Droge biete irgendeine Form von Erleichterung oder Hilfe.

Unsere Erklärung für dieses Phänomen ist folgende: Der zentrale Unterschied zwischen dem Heroinabhängigen und dem Diabetiker ist der, dass bei ersterem das Gehirn, mit anderen Worten seine Wahrnehmung durch eine Droge manipuliert wurde und beim anderen nicht. Wir behaupten ganz klar: das Gefühl der Vorfreude, „Spritzengeilheit" genannt, entsteht aufgrund der Manipulation durch die Droge Heroin **und durch nichts sonst!** Und das ist der Grund, warum dieses Gefühl mit rationalen Argumenten nicht verstanden werden kann.

Es gibt bisweilen bestimmte Gedanken, die in uns angenehme Gefühle erzeugen können, vor allem wenn wir uns an schöne Dinge erinnern. Doch das eigenartige beim Phänomen der Drogensucht ist, dass der Süchtige zunächst aus dem Grund aufhört mit seiner Situation völlig unglücklich zu sein. Er leidet unter der Sklaverei, der Zerstörung seines Körpers und unter der Selbstverachtung. Doch warum wird er nach einer Entgiftung sich nicht an dieses Elend erinnern, sondern an das Gefühl der Vorfreude? Seine vergangenen Rückfälle bestätigen ihm, dass der erste Schuss nicht so angenehm sein wird, wie er sich das vorgestellt hat. Trotzdem gibt er irgendwann der sogenannten „Versuchung" nach.

Vielleicht haben Sie schon mal gesehen, dass in vielen Regionen der Welt Maden verspeist werden, manchmal sogar lebend, und dies offensichtlich mit Genuss. Für die meisten Menschen westlicher Prägung entstehen bei einem solchen Anblick recht starke Ekelgefühle. Haben die Maden vielleicht irgendeine Droge, die die Wahrnehmung dieser Menschen verändert? Natürlich nicht. Sie enthalten vielmehr hochwertiges Eiweiß, ein für das Überleben absolut wichtiger Baustein. Und es ist naheliegend anzunehmen, dass im Laufe der Evolution der Hungertrieb den Menschen angeleitet hat, sich den Nahrungsmitteln zuzuwenden, die für den Körper wichtig sind. Doch der Instinkt benutzt dazu keine Gedanken, sondern Gefühle. Jeder Hundebesitzer kann die Freude seines Hundes spüren, wenn er dabei ist, sein Fressen zuzubereiten.

Da dieser Mechanismus, egal ob bei Mensch oder Tier, über biochemische Botenstoffe im Gehirn gesteuert wird, ist es nicht völlig abwegig davon auszugehen, dass man diesen Prozess auch manipulieren kann. Wenn es gelingt, durch eine Substanz in den Hungermechanismus einzudringen, könnte man eine Lebensform dazu bringen, Gift zu sich zu nehmen **und sich darüber zu freuen!**

Wenn wir nach langem Hunger etwas essen können, fühlen wir uns danach wohl und entspannt. Dieses Gefühl kommt nicht durch die Inhaltsstoffe der Nahrung selbst zustande, sondern durch die Botenstoffe im Gehirn. Stellen Sie sich vor, eine fremde Lebensform hätte es geschafft unser Gehirn dazu zu bringen diese Stoffe durch irgendeinen Trick auszuschütten. Das Opfer würde sich daraufhin wohl fühlen, entspannt, obwohl es gar keine Nahrung zu sich genommen hat, **sondern Gift.** Daraus würde im Opfer der völlig verzerrte Glaube entstehen, dass das Nehmen dieses Giftes ein angenehmes Gefühl erzeugen würde. Daher das Phänomen der Spritzengeilheit. Es ist exakt das gleiche Gefühl, dass jemand spürt der riesigen Hunger hat und endlich etwas Leckeres zu Essen bekommt.

Wir können das Phänomen der Spritzengeilheit genauso wenig nachempfinden, wie die Vorfreude auf Maden. Doch das würde sich ändern, wenn wir anfangen würden, Heroin zu nehmen oder wir in eine Hungersnot geraten. Unsere Gefühle können wir also tatsächlich nicht immer frei wählen, der Hunger kann hier eine gewaltige Macht auf uns ausüben.

Zurück zum Rauchen. Stellen Sie sich noch einmal den netten Grillabend mit Freunden vor. Sie stehen am Grill und braten das Fleisch und die Würstchen. Appetitlich riechender Rauch steigt auf. Was würden Sie denken und was fühlen, wenn plötzlich einer Ihrer Gäste sich zum Grill stellen und anfangen würde, sich den Rauch zuzufächeln um ihn dann tief einzuatmen? Immer wieder macht er das. Er tut das mit einer erstaunlichen Selbstverständlichkeit. Wären Sie nicht auch der Meinung, dass diese Person ernsthaft gestört oder krank sein muss?

Ist Ihnen nicht auch schon aufgefallen, dass Kinder eine starke Abneigung gegen Tabakrauch empfinden? Können Sie sich daran erinnern, dass es bei Ihnen auch so war? Ist es nun nicht naheliegend, dass der Glaube Tabakrauch einzuatmen sei normal und das Gefühl der Vorfreude wenn man eine Zigarette bald rauchen kann oder sich eine schöne Situation mit Zigarette vorstellt, in Wirklichkeit daher kommt, dass ihr Gehirn durch eine Droge manipuliert wurde?

Anders ausgedrückt: **es ist nicht ihr Gefühl!** Sie glauben das nur, und das ist der Kern des Problems. Denn wenn Sie dieses Gefühl für ihr eigenes halten, steht fest, dass Sie glauben werden, dass Ihnen bei zahlreichen Gelegenheiten die Zigarette fehlen wird, **obwohl in Wahrheit rein gar nichts fehlt!**

Sie können dieses Gefühl ruhig spüren, das Gefühl selbst ist nicht schlimm. Aber Sie müssen es nicht mehr für ihr eigenes halten, Sie müssen sich nicht damit identifizieren. Denn nur dann beginnen Sie zu glauben, Sie müssten auf etwas verzichten. Und nur dieses Gefühl verzichten zu müssen martert und wurmt Sie so lange, bis Sie endlich nachgeben. Sie können dieses Gefühl aber auch als Symptom der Krankheit Nikotinsucht betrachten. Der Aids-Virus ist z.B. deshalb so raffiniert, weil er vom eigenen Immunsystem nicht erkannt werden kann, da er sich mit körpereigenen Bausteinen tarnt. Ganz ähnlich das Nikotin in unserem Hungermechanismus. Das Rauchen versteckt sich hinter diesem Überlebensmechanismus, und weil es ein uns so nahes Gefühl ist, halten wir die Freude auf eine Zigarette für unsere Freude.

Doch der Rauch in der Lunge ist ätzend und abstoßend. Den Prozess inhalieren zu nennen, ist bereits eine Form von Gehirnwäsche, denn man inhaliert nur Stoffe, die einem helfen zu atmen wenn man Probleme mit der Atmung hat. Hat man aber keine Probleme mit dem Atmen und zieht Rauch in die Lunge, der nichts anderes macht, als die Atmung zu zerstören, dann lautet dieser Prozess **ersticken** und nicht inhalieren. Und sowohl das Spritzen als auch das Ersticken sind in der Realität **extrem unangenehm und extrem unnatürlich.**

Nehmen Sie sich einen Moment Zeit und überlegen Sie selbst, was Sie für das ganze Geld und die Zeit, die Sie bisher ins Rauchen investiert haben, im Gegenzug bekommen haben. Die Wahrheit lautet: nichts.

Wenn man als Raucher einen Punkt erreicht hat, an dem man ganz klar erkennt, dass das Rauchen einem persönlich nichts mehr bringt, werden die gerauchten Zigaretten nicht weniger (wie das bei einer Gewohnheit, wie Laufen, der Fall ist), sondern mehr. Das hat mit den nun zunehmenden Gefühlen der Angst vor den Folgen des Rauchens und der Selbstverachtung zu tun, die aus der Unfähigkeit entsteht, etwas an dieser absurden Situation verändern zu können. Ohne negatives Gefühl gibt es kein Verlangen nach einer Zigarette, doch kaum ein Raucher ist sich dessen bewusst, weil dieses Gefühl am Anfang so schwach ist und im Laufe der Jahre schleichend wächst. Je schlechter wir uns als Raucher daher fühlen, umso häufiger wird das Verlangen zu rauchen auftauchen.

Ziel dieser Ausführungen sollte es zunächst sein, Ihnen völlig klar darzustellen, warum es sich beim Rauchen um keine Gewohnheit handelt. Der Kern der Argumentation bildet die Feststellung, dass eine Gewohnheit erstens eine Sache ist, zu der man sich am Anfang bewusst entschieden hat, und zweitens gab es einen guten Grund für die Entscheidung. Der absolute Großteil sämtlicher Raucher ist fest davon überzeugt, bspw. die Zigarette zum Kaffee aus freien Stücken zu rauchen und diese auch besonders zu genießen. Doch das ist ein gewaltiger Irrtum.

Sollten Sie jemals einen Heroinabhängigen von Nahem dabei beobachten, wie er sich gerade eine Spritze gesetzt hat und Sie kämen auf die Idee ihn zu fragen, warum er das macht, wie würden Sie folgende Antworten empfinden: *„Ach, mir ist so langweilig, ich warte gerade auf den Bus"*, oder *„Ich kann nicht einfach hier so rumstehen, wenn mein Chef mich sieht, denkt der ich bin faul. So sieht das wenigstens so aus, als hätte ich was zu tun"*, oder falls es sich sogar um eine Gruppe von Junkies handeln sollte, *„Ach, wir genießen einfach die Geselligkeit"*.

Aussagen dieser Art erscheinen vor einem solchen Hintergrund als völlig absurd. Jeder Mensch, auch der Junkie, weiß, dass es nur

136

einen einzigen Grund gibt sich zu spritzen: um an den Inhalt zu kommen, das Heroin.

Wenn Sie die eben aufgeführten Antworten nun auf jemanden übertragen, der eine Zigarette raucht, scheinen die Aussagen plötzlich Sinn zu machen. Ziemlich sicher haben Sie selbst die eine oder andere Ausrede schon herangezogen um jemandem zu erklären, warum Sie sich gerade eine angesteckt haben. Menschen besitzen von jeher die Eigenschaft absurde Erklärungen für wahr zu halten. Dazu gehört die Geschichte um die Hexenverfolgungen, die Rassentheorie, die Stalinverherrlichung oder auch der Glaube Hitler lebe noch in Neuschwabenland. Die Tendenz einer Person an eine dieser Geschichten zu glauben, wird sehr stark beeinflusst von der Anzahl der Menschen in seinem Umfeld, die diese Märchen für wahr halten. Da kaum ein Raucher weiß, warum er wirklich raucht, ist es daher auch nicht verwunderlich, warum es kaum einem gelingt, die wahre Natur des Rauchens zu erkennen. Doch man sollte sich nicht der Illusion hingeben, die Zeit völlig absurder Glaubenssysteme sei heute vorbei, nur weil irgendwelche Experten komplizierte Grafiken an die Wand werfen können, die kein Mensch versteht, und die auch bei genauerer Betrachtung überhaupt nicht logisch sind. Man sollte immer den Geldstrom im Auge behalten, um zu einer kritischen Auseinandersetzung fähig zu sein.

Es gibt nur einen einzigen Grund, warum ein Raucher sich eine stinkende Zigarette in den Mund steckt, und ätzenden, giftigen Rauch einzieht: **er (oder genauer gesagt: etwas in ihm) will das Nikotin.**

Viele Raucher ärgert der Vergleich von Nikotin und Heroin. Es geht auch ganz sicher nicht darum, einem Raucher das Gefühl zu vermitteln, er sei eine so erbärmliche Figur wie ein Junkie. Und doch ist der Vergleich hilfreich, Ihnen als Raucher die nötige Distanz zu Ihren Gefühlen zu ermöglichen. Denn beim Heroin sind wir erstens nicht seit frühester Kindheit an seitens der Gesellschaft manipuliert worden. Wir sind nicht aufgewachsen mit lachenden, glücklichen Junkies, die uns permanent auf Plakaten etwas von ihrer „Freiheit" erzählen. Wir wurden nicht mithilfe von Comics dazu gebracht zu glauben, das Spritzen am Lagerfeuer sei ganz normal. Und zweitens sind Ihre Gefühle und Ihre Gedanken nicht durch das Heroin selbst manipuliert worden (sofern Sie nie heroinabhängig waren). Deshalb ist es undenkbar, dass man die Aussage, sich aus purer Langeweile zu spritzen für glaubhaft halten könnte. Doch beim Rauchen ist es das gleiche! Es gibt niemanden, der aus Langeweile, wegen der Möglichkeit eine Pause zu machen, um gesellig zu sein oder um interessantere Gespräche zu haben raucht. Jeder, und das trifft auch für den gerne immer wieder hervorgezauberten Ritual-Lagerfeuer-Indianer-Raucher zu, raucht um möglichst schnell an das Nikotin zu kommen. **Es gibt keinen anderen Grund!**

Und deshalb ist das Rauchen keine Gewohnheit, sondern eine Drogenabhängigkeit. Ersteres kann man abstellen, wenn man keinen Vorteil mehr darin sieht. Das zweite nicht. Man kann es erst dann beenden, wenn man begreift, dass es nie der **eigene** Wunsch war ein Raucher zu sein. Warum auch.

19. <u>Das Verlangen</u>

Kommen wir nun zu dem Verlangen zurück, von dem viele Raucher befürchten nicht dagegen ankämpfen zu können. Da die Wurzel dieses Verlangens im Körper oder im Unterbewusstsein zu liegen scheint, fühlt man sich dagegen oft machtlos. Denn abgesehen von der Stärke, die es haben kann, ist das Verlangen nach einer Zigarette auch unvorhersehbar. Bisweilen, und das ist das Schlimme, taucht es noch nach Monaten wieder auf. Wie bereits mehrfach erwähnt, vertreten nicht wenige Experten die Meinung, dass es für manche Raucher unmöglich sei, dieses Verlangen komplett loszuwerden, man könne bestenfalls lernen damit zu leben. Und das trifft wohl vor allem für jene Raucher zu, die schon früh mit dem Rauchen angefangen haben, deren Gehirn quasi mit dem Rauchen gewachsen ist. Für langjährige Raucher stellt sich die deprimierende Frage, ob es sich, angesichts einer Zukunft mit immer wieder auftauchendem Verlangen und dem daraus resultierenden Kampf, überhaupt lohnt mit dem Rauchen aufzuhören.

Der zunächst logisch scheinende Rat Situationen zu meiden, die einen Ex-Raucher zum Rauchen verführen könnten, führt leider dazu, dass das Verzichtsgefühl noch weitere Kreise zieht. Man verzichtet auf den Kaffee, auf die gesellige Runde mit rauchenden Freunden, auf Alkohol, usw. Und selbst wenn es gelingt auf diese Art die Anfangszeit gut zu überwinden, in der die Erinnerung an die unangenehmen Seiten des Rauchens noch deutlich präsent ist und so als Argumentationsquelle gegen das Verlangen genutzt werden kann, ist es häufig so, dass man nach einigen Monaten dem Verlangen doch wieder nachgibt. Und das deshalb, weil die negativen Erinnerungen an das Rauchen mit der Zeit verblassen und der Glaube, manche Zigaretten zu gewissen Situationen seien doch schön gewesen, bestehen bleibt.

Doch die „schönen" Seiten des Rauchens haben in Wahrheit den gleichen Existenzstatus wie der Weihnachtsmann. Zwar haben wir uns mal auf ihn gefreut, doch diese Freude, die bei Ihnen sicher noch in Ihrer Erinnerung gespeichert ist, bedeutet nicht, dass er wirklich existiert hat. Deswegen spüren wir als Mitglieder unserer Gesellschaft auch keine Trauer, wenn wir an den Weihnachtsmann denken. Doch Raucher merken nicht, dass die „schönen" Seiten des Rauchens nur in der Fantasie existieren. Die Zigarette nach dem Essen existiert zwar, allein der Glaube sie sei besonders gut ist das Märchen. Und diese Täuschung bleibt in der Erinnerung eines Exrauchers leider erhalten, und deshalb ist er manchmal traurig darüber, **dass er nicht mehr rauchen darf**. Nicht der schreckliche Geschmack, der Gestank, das Gefühl des Ausgegrenztseins, das unheimliche Gefühl in der Lunge nach einer durchfeierten Nacht und die schreckliche Angst vor Krankheiten prägen in diesem Moment das Bild vom Rauchen, sondern die Bewusstseinsmanipulation, die bei uns in Bezug auf das Rauchen seit Kindesbeinen an erfolgt ist, und die durch die wahrnehmungsverändernde Wirkung des Nikotins zementiert wurde, zeigt genau hier ihre Wirkung.

Sie dürfen sich freuen: denn Sie sind nicht gezwungen, der Zigarette nach dem Essen oder sonst irgendeiner anderen „besonderen" Zigarette nachzutrauern. Einer Zigarette nachzutrauern ist in Wahrheit genauso schräg wie die Trauer eines Nordkoreaners am Grab seines „lieben Führers". Falls Sie noch Raucher sind, können Sie sich gern jetzt selbst davon überzeugen. Rauchen Sie eine dieser „besonderen" Zigaretten ganz bewusst und stellen Sie sich dabei folgende Frage: **Was genau werde ich vermissen, wenn ich diese Zigarette nicht mehr habe?**

Sie haben in Wahrheit diese Gefühle in der Hand, sobald es Ihnen gelingt das Rauchen so zu sehen, wie es wirklich ist. Sie können sich, wenn Sie in eine dieser besonderen Situationen kommen, genauso gut ganz aufrichtig darüber freuen, dass Sie nicht mehr rauchen müssen. Denn einer Sache nachzutrauern, die nie existiert hat und die Sie auch gar nicht wirklich haben wollen, ist eine völlig sinnlose Verschwendung Ihrer mentalen Energie.

Beschäftigen wir uns vorher aber nochmal mit dem Phänomen des Verlangens an sich. Picken wir uns als Beispiel ein Verlangen heraus, das ebenfalls körperliche oder im Unterbewusstsein verankerte Wurzeln hat und auch schon so manchen Menschen in Schwierigkeiten bringt: das sexuelle Verlangen.

Stellen wir uns einen Ehemann vor, dessen Ehe aufgrund der bisherigen Entgleisungen bereits nicht mehr so gut läuft. Da er seine Frau jedoch tatsächlich sehr liebt, verspricht er ihr, nie wieder fremd zu gehen, und er meint es auch so. Er fährt auf Geschäftsreise, es ist Fasching. Statt in seinem Hotelzimmer öde herumzusitzen, beschließt er, in eine Kneipe zu gehen, um ein Bierchen zu trinken oder auch zwei. Im Zuge des bunten

Faschingtreibens kommen immer mehr verkleidete Menschen in diese Kneipe, die Stimmung wird immer ausgelassener und unser Geschäftsreisender lässt sich davon anstecken. Man trinkt mit, irgendjemand bemalt ihm die Backe, eine andere Person stiftet einen Faschingshut.

Da erblickt er am anderen Ende der Kneipe ein verführerisch aussehendes Wesen, eine als Pfau verkleidete, wohlgeformte Frau mit langen Wimpern und Wahnsinnsfigur. Er kann den Blick nicht von ihr lassen. Der ein oder andere Gedanke an das Versprechen, das er seiner Frau gemacht hat, taucht noch auf, doch der Alkohol drängt jeden rationalen Gedanken zunehmend in den Hintergrund. Stattdessen wird das Verlangen immer stärker, diesen Pfau mit ins Hotelzimmer zu nehmen. Der Pfau fühlt auch ganz ähnlich, irgendwann finden sie sich wild knutschend im Fahrstuhl wieder. Im Hotelzimmer geht es nun recht heftig zur Sache. Können Sie sich an dieser Stelle das Verlangen des Geschäftsreisenden vorstellen? Wie würde er sich fühlen, würde man ihn zwangsweise von dieser Situation entfernen? Können Sie sich die Emotion der Entbehrung vorstellen, die mit dem nichtausgelebten Verlangen verbunden wäre?

Viele Hundebesitzer kennen dieses Problem. Rüden leiden, wenn sie in der Nähe eine heiße Hündin wittern und keine Möglichkeit finden, zu ihr zu gehen. Bei Hunden ist es der Geruch, der dieses Verlangen auslöst. Bei uns Menschen in den meisten Fällen wohl eher die Optik und unsere Fantasie. Hunde und auch Rinder kann man daher leicht austricksen. Man filtert einfach den Stoff heraus, der Paarungsbereitschaft signalisiert und kann so die Tiere zu einer unnatürlichen Begattung bringen (s. Viehzucht).

Doch Menschen kann man auch austricksen. Gerade an Fasching dürfte das so manchem Mann tatsächlich schon passiert sein auf eine falsche Optik hereinzufallen. Im Hotelzimmer stellt unser Reisender nämlich fest, dass es sich gar nicht um eine Frau handelt, sondern um einen Mann. Es gibt in der Tat nicht wenige vom nackten Äußeren her männliche Wesen, die sich selbst lieber als Frau darstellen. Meistens erkennt man das recht schnell, doch es gibt bisweilen Transsexuelle, die tatsächlich von einer Frau kaum zu unterscheiden sind. Teilweise sind sie sogar wunderschön.

Was, glauben Sie, passiert also mit dem Verlangen des Geschäftsreisenden, der nun das letzte Detail erblickt (vorausgesetzt er ist rein heterosexuell veranlagt)? Glauben Sie er kommt in einen Konflikt mit seinem Verlangen? Wenn wir davon ausgehen können, dass er von solchen Reizen nicht angesprochen wird, steht eines fest: das Verlangen ist schlagartig und komplett verschwunden. Da ändert auch der Alkohol rein gar nichts daran.

Dieses Beispiel soll einen Punkt ganz klar deutlich machen: es ist sicher zutreffend, dass die Ursache eines Verlangens vom Unterbewusstsein oder vom Körper ausgeht. Doch genauso sicher steht fest: ob wir aus dem anfänglichen Impuls wirklich ein Verlangen machen oder nicht, das haben wir in der Hand. So etwas wie ein rein körperliches Verlangen gibt es bei uns Menschen daher gar nicht. Wichtig bei der Entstehung eines Verlangens ist, was man über das Objekt eigentlich annimmt. Wenn Sie in einem netten Restaurant ein leckeres Pilzgericht essen, und sie zufällig erfahren sollten, dass alle Pilze äußerst günstig in Weißrussland (Tschernobyl) gekauft wurden, ist es auch sehr wahrscheinlich, dass ihr Verlangen zu essen schlagartig weg ist. Neue Informationen können das Bild verändern, das Sie vom Objekt Ihres Verlangens haben, und wenn das Bild entsprechend negativ ist, verschwindet das Verlangen, **weil wir das so wollen.**

Daher ist es auch völlig absurd als Raucher zu hoffen, dass das Verlangen nach einer Zigarette irgendwann von alleine verschwinden würde. Sicher, wenn Sie mit Willenskraft an die Sache herangehen, ist es die ersten Tage stark, nimmt in seiner Stärke dann ab, aber es taucht leider immer wieder auf, **und das für den ganzen Rest ihres Lebens!** Das liegt daran, dass wir es hier mit einer Falle zu tun haben, deren Eigenschaften man zunächst verstehen muss, wenn man dieses Verlangen wirklich loswerden will. Diese Falle gaukelt unserem Gehirn einen falschen Hunger vor, der den Nährboden für die Bewusstseinskontrolle bildet, die beim Rauchen massiv erfolgt. Da man sich als Raucher mit diesen falschen Bewusstseinsinhalten identifiziert, glaubt man überzeugt daran, dass man gewisse Aspekte am Rauchen tatsächlich genießen würde. Doch genauso wenig wie ein Bulle wirklich das Verlangen hat einen Holzkasten zu begatten, genauso wenig gibt es irgendeinen Menschen auf diesem Planeten, der wirklich das Verlangen hat, ätzenden, giftigen, erstickenden Rauch in seine kostbare Lunge zu ziehen. Doch da der Auslöser des Verlangens nach einer Zigarette ein (künstliches) inneres Gefühl der Leere ist, das die Eigenschaft besitzt unseren Gemütszustand zu beeinflussen, und dieses innere Gefühl der Unruhe dem Gefühl sehr ähnlich ist, das entsteht wenn wir gestresst, deprimiert oder hungrig sind, steht fest: solange ein Raucher die manipulierten Bewusstseinsinhalte in seinem Erinnerungsspeicher nicht identifizieren kann, wird er für den Rest seines Lebens immer wieder gegen das Verlangen zu rauchen ankämpfen müssen, sei es bei Hunger, bei Stress, wenn er sich aus irgendeinem Grund deprimiert fühlt oder er von einer Herde feiernder Raucher umzingelt ist. Und irgendwann wird er den größten Alptraum eines Rauchers bestätigt wissen: **einmal Raucher, immer Raucher.**

Es hängt also viel davon ab, welches Bild Sie von den Zigaretten haben. Dieser ganze schöne Schein von geselligen Runden, einem schönen Glas Wein oder Bier, die Pause mit Kollegen, all diese in Ihrer Erinnerung als angenehm abgespeicherten Situationen **sind eine reine Erfindung**. Eine Täuschung, die Ihnen auch nach der letzten Zigarette noch ab und zu echt vorkommen wird. Auch eine optische Täuschung wirkt sehr überzeugend, z.B. parallele Linien, die uns krumm erscheinen. Wir wissen jedoch, dass es sich hierbei um eine Fehlinterpretation unseres Gehirns handelt. Das einzig wahre Bild über die Zigaretten zeigt: **reines Gift!** Doch es ist wichtig, sich darüber im Klaren zu sein, dass scheinbar angenehme Gefühle in Bezug auf das Rauchen plötzlich auftauchen können. Wenn Ihnen eine Situation als äußerst verführerisch vorkommt, müssen Sie sich einfach auf dieses Gefühl konzentrieren und wissen, dass es eine Täuschung ist. Lassen Sie nicht zu, dass dieses Gefühl beginnt die Zügel über Ihre Gedankengänge an sich zu reißen. Genau dabei werden Ihnen die Leuchttürme am Ende des Buches helfen.

Einige Raucher haben an dieser Stelle die Angst, trotzdem unter dem Verlangen leiden zu müssen, **obwohl** sie die Zigaretten ohne Zweifel als scheußliches Gift sehen, **obwohl** sie wissen, dass Sie den schrecklichen Rauch in der Lunge nicht genießen, und **obwohl** sie wissen, dass sie nichts aufgeben. Die meisten Menschen halten auch Maden für etwas absolut schreckliches. Trotzdem würde der Hunger im Falle einer Hungersnot dafür sorgen, dass wir irgendwann das Verlangen nach ihnen empfinden werden, wenn nichts anderes da ist, auch wenn wir das eigentlich gar nicht wollen. Das von Ekel geprägte Bild, das wir von Maden haben, wird zurückgedrängt und der Hunger übernimmt die Kontrolle. Raucher machen da eine sehr ähnliche Erfahrung. Und die Angst ist groß, doch vielleicht einer dieser Raucher zu sein, bei denen es keine Hoffnung gibt. Wir betonen: **Absolut jeder Raucher kann aus dieser Falle entkommen!**

Die Angst alles verstanden zu haben und es doch nicht zu schaffen, ist durchaus noch angebracht. Denn noch haben wir nicht erklärt, warum die Tatsache, dass man wirklich alles verstanden hat, alleine nicht ausreicht um sich von dem Verlangen nach einer Zigarette zu befreien!

Bei dem sexuellen Verlangen würde es ausreichen zu wissen, dass das Objekt eine Täuschung ist, um es blitzschnell fallen zu lassen. Doch bei dem Hungertrieb kommt noch ein Element hinzu. Warum reicht es nicht, komplett zu verstehen und auch zu akzeptieren, dass Rauchen keinerlei Vorteile bietet? Sie müssen wissen: Jeder Raucher kommt im Laufe seiner Karriere irgendwann an genau diesen Punkt. Es existieren keine Vorteile mehr, nur ein Alptraum, Krankheit, Tod, Elend und Sklaverei. Die Erkenntnis, dass man selbst als Raucher das Opfer einer Falle ist und keine Kraft mehr hat ihr zu entkommen, wartet am Ende der Leiter auf jeden existierenden Raucher, vorausgesetzt er lebt lange genug um diese Erfahrung zu machen. Die Informationen in diesem Buch, sofern sie nicht ausreichen sollten, den Absprung zu ermöglichen, beschleunigen nur diesen Prozess. Doch das ist gut so.

Die Wahrheit ist: je klarer Sie den Alptraum sehen können, und je deutlicher die Informationen in diesem Buch sich in Ihrer Erfahrung widerspiegeln, umso **größer** ist Ihre Chance auf Erfolg, bis Sie bei 100% ankommen.

Warum essen wir irgendwann Maden, Ungeziefer, vielleicht auch Menschen? Weil der Überlebensmechanismus Hunger uns dazu zwingt. Der bewusste Teil unseres Gehirns kann das nicht aufhalten. Sie können ruhig zu 100% beteuern, dass Sie Maden **niemals** essen würden, der Hunger wird Ihre Meinung in einem Notfall ganz sicher ändern. Sie müssen verstehen: diese Eigenschaft des Hungers steht nun im Dienste einer Droge. Es gibt jedoch ein Phänomen, das Klarheit schaffen kann: der Hungerstreik. Woran genau liegt es, dass Menschen das Potential in sich tragen zu Kannibalen zu werden, im Falle eines Hungerstreiks gibt es jedoch nicht wenige dokumentierte Fälle, in denen hungerstreikende Menschen absichtlich köstliches Essen vor die Nase gestellt bekommen haben, damit sie einknicken, aber sie sind trotzdem verhungert? Wo ist in solchen Fällen die Macht des Hungers? Denken Sie über diese Frage kurz nach bevor Sie weiterlesen.

Kann es sein, dass in unserem Gehirn irgendein Mechanismus existiert, der diese Kraft aufhalten, beseitigen, oder im Zaum halten kann? Machen Hungerstreikende auf Sie den Eindruck, sie müssten permanent innerlich kämpfen, um nicht schwach zu werden? Mag sein, dass es anstrengend ist, doch sie verlieren eindeutig nicht die Kontrolle, sie fallen z.B. ganz sicher nicht übereinander her. Liegt es vielleicht an der Überzeugung, die sie antreibt?

Die Wahrheit ist: ein in Hungersnot geratener Mensch hat nie die **Entscheidung** getroffen, nichts zu essen. Doch genau das hat der Hungerstreikende gemacht: er hat die **bewusste Entscheidung** getroffen, keinen Bissen zu sich zu nehmen, und das **unabhängig vom Resultat**. Er hofft zwar, dass sein Hungerstreik etwas bewirken wird, aber er weiß es nicht. Trotz der Aussicht, evtl. völlig umsonst zu verhungern, hat er die Entscheidung nichts mehr zu essen bewusst getroffen. Man kann sich also bewusst dazu entscheiden, das Verlangen nach Essen nicht zuzulassen, **aber nur wenn man die ganz klare Entscheidung getroffen hat gar nichts zu essen**. Der Hungerstreik würde aber ganz sicher nicht funktionieren mit der Einstellung *„Mal sehen, wie lange ich das durchhalte“*.

Genauso ist es beim Rauchen, mit dem Unterschied, dass der echte Hunger bei einem Hungerstreikenden, trotz seiner Entscheidung nichts mehr zu essen, sicher nicht verschwinden wird, wohingegen das falsche Hungergefühl, das durch den Nikotinabbau vorgegaukelt wird, nach bereits 4 Tagen verschwunden ist!

Stellen Sie sich beim Rauchen folgende Frage: spüren Sie beim Anblick oder im Gespräch mit Gelegenheitsrauchern Neid? Wenn ja, dann ist das ein ganz klarer Hinweis darauf, dass Sie in Wahrheit das Rauchen lieber kontrollieren würden als ganz aufzuhören. Ihre Erfahrung zeigt Ihnen zwar, dass **Sie** das nicht können, was aber nichts an Ihrem Wunsch ändert, grundsätzlich dazu in der Lage zu sein. Mit anderen Worten: Sie sind unfähig, die Entscheidung zu treffen, Nikotin nie mehr in Ihren Körper zu lassen, **weil Sie das auch gar nicht <u>wirklich</u> wollen!** Es geht nicht einfach darum die „letzte Zigarette“ zu rauchen und sich dann nie wieder eine anzuzünden. Es geht in Wahrheit um die **bewusste Entscheidung**, das tödliche Gift Nikotin unter keinen Umständen mehr in Ihren Körper zu lassen, wenn Sie dafür sorgen möchten, das Verlangen nach einer Zigarette nie mehr spüren zu müssen. Und das nicht aus der Motivation heraus, dass Rauchen so schlecht für Ihre Gesundheit ist, sondern aus der klaren Einsicht heraus, dass Sie keine weitere Sekunde Ihres Lebens als Sklave dieses Parasiten und anderer Menschen leben wollen, die von Ihrem Elend einen riesigen Profit für sich herausschlagen.

Ob Sie nach der Entscheidung ein glücklicherer Mensch werden, ob Ihr Leben länger sein wird oder gesünder, ob Sie mehr Geld haben werden, ist für das Treffen dieser Entscheidung in Wahrheit völlig irrelevant. Die Entschlossenheit muss einem klaren Gefühl der Ungerechtigkeit entspringen. Und diese ganze schreckliche Situation rund ums Rauchen wird niemals auf eine andere Weise gelöst werden, als dass Sie persönlich anfangen Ihr Recht auf Freiheit einzufordern, indem Sie erstens aufhören zu glauben das Rauchen sei Ihre freie Entscheidung gewesen und zweitens die Entscheidung treffen, nach dem Ausdrücken Ihrer letzten Zigarette, Nikotin **niemals** mehr zu sich zu nehmen **und sich über diesen Schritt aufrichtig zu freuen!** Die meisten Nordkoreaner spüren das Gefühl intensiver Trauer, wenn Sie am Grab eines ihrer Führer vorbeikommen. Die meisten Raucher spüren genau dieses Gefühl wenn sie ihre vermeintlich letzte Zigarette ausdrücken. Die Nordkoreaner würden ihren „lieben Führer" sofort wieder zum Leben erwecken, wenn sie es könnten. Raucher werden sich früher oder später wieder eine anzünden, da ihr „Freund" leider nicht sterben kann, sondern von all den anderen Rauchern am Leben erhalten wird. Das Gefühl der Freude oder Erleichterung ist wichtig, wenn es um die letzte Zigarette geht. Haben Sie noch das Gefühl Sie müssten sich einreden, dass es wirklich wunderbar ist ein Nichtraucher zu sein?

Wie sieht Ihr Gesamtbild vom Rauchen im Moment aus? Sehen Sie im Rauchen das Bild schöner, sympathischer, geselliger Menschen, die ihre Freiheit genießen oder das der Ausgrenzung, der Krankheit, des Elends und der Selbstverachtung? Vielleicht haben Sie noch das Gefühl Rauchen sei so dazwischen. Wie sehen Sie Heroin? Welche Gefühle entstehen in Ihnen, wenn Sie über Heroin nachdenken? Würden Sie auch sagen, Ihr Bild vom Heroin sei **zwischen** angenehm und unangenehm? Welche Gefühle entstehen in Ihnen, wenn Sie über den ersten und den zweiten Weltkrieg nachdenken? Bestimmt auch nicht Gefühle **zwischen** angenehm und unangenehm. Welches Gefühl entsteht, wenn Sie über die Pest nachdenken? Mit ziemlicher Sicherheit, wie bei den vorherigen Beispielen auch, **nur negative Gefühle.** Und welches Gefühl entsteht in Ihnen bei dem Wort *Nikotin*?

Die Wahrheit ist, dass mehr Tote auf das Konto von Nikotin gehen, als auf die Konten von Heroin, erster und zweiter Weltkrieg und die Pest zusammengenommen. Das eigenartige Gefühl der Gleichgültigkeit, das fast jeder Mensch in unserer heutigen Zeit bei dem Wort *Nikotin* oder auch bei dem Wort *Zigarette* fühlt, **basiert ganz sicher nicht auf Fakten!** Es ist das Resultat einer über Generationen hinweg bereits angewandten Informationsmanipulation, die mit Comics und inszenierten rauchenden Persönlichkeiten dafür sorgt, dass man Nikotin und Zigaretten weiter harmlos findet. Dieses Bild lohnt sich nämlich für viele! Und solange der Profit stimmt, wird sich an dieser Praxis auch rein gar nichts ändern, es sei denn, **Sie machen den entscheidenden Schritt und beenden Ihren Alptraum!**

Wir sind immer noch dabei herauszuarbeiten, wie man das Verlangen nach einer Zigarette nicht hat. Ganz einfach, indem Sie sich erst im Klaren darüber sind, welches Bild Sie vom Rauchen haben, und dann die Entscheidung treffen, ob Nikotin weiterhin in Ihren Körper und Ihr Bewusstsein gehört oder nicht. Während bei einem Hungerstreikenden der natürliche Hunger mit der Zeit nicht verschwinden wird, ist der künstliche Hunger, verursacht durch den Nikotinabbau, nach spätestens 4 Tagen komplett abgestorben. Die Entscheidung, nie mehr Nikotin zu sich zu nehmen ist wichtig, damit der falsche Hunger in dieser Zeit nicht die Kontrolle über Ihre Gedanken übernehmen kann.

Der Mann im Hotelzimmer kann sich nicht einreden, die schöne Frau sei ein Mann, damit er auf diese Weise das Verlangen loswird. Er erkennt einfach, dass es wirklich eine Täuschung war. Und ganz sicher zählt er in diesem Moment nicht erst die Nachteile eines Seitensprungs auf, damit er der „Versuchung" widerstehen kann. Und genauso wenig kann ein Raucher sich einreden, die Zigarette wäre schlecht, um so das Verlangen loszuwerden. Aber ist es wirklich eingeredet, wenn man Zigaretten als üblen Dreck und Nikotin als reines Gift sieht? Glauben Sie nicht auch, dass es eher eingeredet ist, man würde die Zigaretten und den herrlichen Rauch in der Lunge vermissen, den tollen Geschmack und die nette Erfahrung rauchend (bzw. erstickend) mit den Kollegen draußen zu stehen?

Da gibt es einen ganz einfachen Trick das zweifelfrei herauszufinden: Stellen Sie sich vor, Ihre Mutter, Ihr Vater, Ihr Partner oder eines Ihrer Kinder kommt eines Tages zu Ihnen und sagt: *„Weißt du was? Ich habe mit dem Rauchen aufgehört!"* Welches Gefühl würde diese Aussage bei Ihnen auslösen? Etwa: *„Das tut mir so leid, jetzt musst du ständig auf was Schönes verzichten!"* Mit Sicherheit nicht, Sie wären offen und ehrlich erleichtert. Sie wären sogar richtig glücklich. Wir spüren ein herrliches Gefühl, wenn jemand, den wir lieben, **wirklich** mit dem Rauchen aufgehört hat. Die schöne Wahrheit ist, dass Ihnen rein gar nichts im Weg steht, sich genauso zu fühlen, wann immer Sie an das Rauchen denken, vorausgesetzt Sie haben die bewusste Entscheidung getroffen die Nikotinzufuhr zu beenden, und Sie entscheiden sich dafür **nur eines** der beiden Bilder über das Rauchen für wahr zu halten. Die vielen Lügen, die Irrtümer, die Aussagen anderer Raucher und der Zweifel an Ihrer Entscheidung haben Sie bisher daran gehindert, sich über die wundervolle Tatsache freuen zu können, dass man keinen stinkenden Rauch mehr einatmen muss.

Es wird Zeit, dass Sie diese erniedrigende Erfahrung Raucher zu sein endlich hinter sich lassen, die schöne Wahrheit ist:

Freude darüber zu empfinden, dass man nicht mehr raucht, mit anderen Worten: die eigene Freiheit zu feiern, ist die natürlichste Sache der Welt! Und diese Freude ist in <u>jeder Sekunde</u> Ihres Lebens möglich!

Das Verlangen nach einer Zigarette wird genau ab dem Zeitpunkt für immer aus Ihrem Leben verschwinden, wenn Sie begreifen, dass dieses Verlangen zu 100% von Ihnen gesteuert werden kann. Wenn sie das positive Bild über das Rauchen, mit dem Sie aufgewachsen sind, nicht als Manipulation erkennen, sondern als glaubwürdig einstufen, dann werden diese Bewusstseinsinhalte das Verlangen nach einer Zigarette steuern. Wenn Sie jedoch Ihre Aufmerksamkeit bewusst auf das wirkliche Bild des Rauchens lenken, übernehmen Sie die Kontrolle über Ihre Gefühle. Damit Ihnen das gelingt, haben wir die entscheidenden Inhalte dieses Buches in den Leuchttürmen zusammengefasst. Jeder Leuchtturm hat dabei die Funktion, Ihnen die Kontrolle über Ihre Gedanken und Gefühle wieder zurückzugeben. Mit anderen Worten: wirklich frei zu sein.

20. <u>Zusammenfassung</u>

Wir haben uns darum bemüht darzulegen, dass es sich beim Rauchen nicht um eine Gewohnheit handelt, die man sich bewusst ausgesucht hat, sondern um eine Krankheit. Das Besondere an dieser Krankheit ist, dass sie sich (fast) nur in dem Verhalten und in der Wahrnehmung des Betroffenen ausdrückt. Niemand ist aufgrund seiner Gene oder seiner Persönlichkeit dazu verurteilt mit dem Rauchen nicht wieder aufhören zu können.

Die Rolle des Nikotins (Tabakspflanze) ist vergleichbar mit der eines Parasiten. Es schleicht sich in einen fremden Organismus ein und bewirkt in seinem Opfer ein Umprogrammieren seiner Verhaltensmuster, zum Zweck der eigenen Weiterverbreitung. Das Opfer selbst hat davon nur Nachteile. Es ist zwar richtig davon auszugehen, dass der Mensch einen freien Willen besitzt, doch unser Verhalten ist darüber hinaus auch von instinktiven Prozessen gesteuert, die das Ziel verfolgen unser Überleben zu sichern. Es ist nicht immer einfach zu erkennen, ob man aus seinem Bewusstsein heraus handelt oder ob auch instinktiv gesteuerte Mechanismen wirksam sind. Ein Hinweis auf die Aktivität unseres Instinkts ist die Schwierigkeit die eigenen Gedanken etwas anderem zuzuwenden, wenn man die eingegebene Handlung unterlässt.

Nikotin ködert unseren Instinkt insofern, als dass es ein falsches Hungersignal erzeugt, wenn es vom Körper abgebaut wird. Der instinktive Teil unseres Gehirns reagiert darauf und bildet so die Basis für eine Art „Bewusstseinserweiterung". Es entsteht ein neues Ich, das wir als das Raucher-Ich bezeichnen. Es besteht aus Gefühlen und Gedanken, die von der Gesellschaft in der wir leben und von der Wirkung des Nikotins manipuliert werden. Da Menschen, die sich in Abhängigkeit befinden, seit jeher profitable Gewinne für eine Reihe von Nutznießern bieten, gibt es um das Thema Nikotinsucht herum viele Kräfte, die mutwillig daran arbeiten den Raucher dauerhaft in seiner Falle zu halten. Dazu gehören bezahlte Schauspieler, die Unsummen dafür erhalten in ihren Filmen zu rauchen, dazu gehören Werbung, in Form von Plakaten, Spots, u.v.m. Dazu gehören auch sämtliche Informationen, die beweisen sollen wie schwer es ist mit dem Rauchen aufzuhören und aus diesen „Beweisen" heraus immer wieder die Rechtfertigung ableiten für die Entwicklung weiterer teurer Medikamente und Forschungsansätze. Die Wahrheit ist: ein Medikament gegen das Rauchen wird es niemals geben.

Auch wenn es manchmal den Anschein hat, dass Raucher aus eigener Schwäche heraus scheitern, liegt das wirkliche Problem nur im Unverständnis der Nikotinfalle. Wir wissen aus eigener Erfahrung und aus mittlerweile vielen hunderten gehaltenen Seminaren mit tausenden von Rauchern, denen wir dauerhaft erfolgreich helfen konnten mit dem Rauchen aufzuhören, dass es dann einfach ist, sich aus dieser Falle zu befreien, wenn man sie umfassend versteht.

Die Krankheit Nikotinsucht läuft in typischen Stadien ab, von der Infektion (das erste Inhalieren), über die Illusionen von Kontrolle, von Genuss, der Hilfe und letztendlich über die Illusion der Abhängigkeit. Illusion heißt nicht, dass der Raucher sich diese Überzeugungen einfach nur einbildet, sondern dass tatsächlich äußere und innere Faktoren dazu beitragen, dass er in seiner Wahrnehmung gewisse Aspekte des Rauchens tatsächlich so erfährt, wie ihm das die Illusionen vorgaukeln. Daher ist es von allergrößter Wichtigkeit durch das Beobachten der eigenen Gedanken und Gefühle diesen im Hintergrund wirkenden Illusionen zuerst einmal auf die Schliche zu kommen, **bevor** man aufhört. Der Kern aller Illusionen ist das Gefühl von Verzicht und die damit verbundene Angst vor der entstehenden Leere, wenn man nicht mehr raucht. Diese Angst wirkt stärker als das rational vorhandene Wissen um die Gefahren und Nachteile des Rauchens. Der Grund für dieses scheinbar unlogische Ungleichgewicht ist, dass die Angst vor der Leere - man könnte auch einfacher sagen die Angst vor dem Aufhören - instinktgesteuerte Wirkmechanismen auf ihrer

Seite hat. In diesem Zusammenhang ist es wichtig zu verstehen, dass erstens der instinktive Teil der Falle, der Hungermechanismus, durch das Nikotin manipuliert wird, und zweitens Menschen durchaus in der Lage sind instinktiv gesteuerte Verhaltensmuster und die dazugehörigen Gedankengänge zu kontrollieren, wenn sie über die korrekten Informationen verfügen. Dazu gehört jedoch nicht die bloße Information, dass Rauchen schlecht ist. Das weiß jeder Raucher. Im Kern muss die Erkenntnis stehen, dass man von Kindesbeinen an manipuliert wurde, dass das Objekt des Verlangens, die Zigarette, nie das war, für was man sie immer gehalten hat: sei es jetzt Genuss, Gelegenheit zur Pause oder auch eine Hilfe zum Abnehmen, sondern dass die Zigarette nichts anderes ist, als das momentan gesellschaftlich akzeptierte Verabreichungsinstrument eines Nikotinsüchtigen. Gut möglich, dass die Zigaretten bald von den E-Zigaretten verdrängt werden. Hier sollte man die Augen offen halten. Nikotinabhängigkeit ist, wie jede andere Drogenabhängigkeit auch, eine günstige Möglichkeit mit wenig Aufwand horrende Summen zu verdienen.

Des Weiteren ist es wichtig zu verstehen, wie man Verhaltensweisen beeinflussen kann, die eine triebgesteuerte Basis haben. Wir haben mehrere Beispiele angeführt, die Ihnen erläutern sollen, dass jede Erfahrung von Ausgeliefertsein im Zusammenhang mit Nikotin auf falschen Informationen oder Schlussfolgerungen basiert.

An dieser Stelle des Buches angekommen, geben wir Ihnen den Rat, Ihre vorletzte Zigarette zu rauchen. Während Sie diese Zigarette rauchen, können Sie sich zunächst völlig auf die Frage konzentrieren, ob Ihrer Meinung nach der Zeitpunkt wirklich gekommen ist, dem Raucherleben ein Ende zu setzen. Denn auch wenn wir uns wirklich bemüht haben, Ihnen diese Falle so genau wie möglich zu erklären, müssen Sie diese Entscheidung doch allein aus sich selbst heraus treffen. Es liegt ganz allein an Ihnen ob der Gedanke „später" oder „jetzt" Ihre Handlung bestimmt. Die bewusste Entscheidung zu treffen, entweder später oder jetzt aufzuhören, dabei kann Ihnen die **vorletzte** Zigarette helfen. Das letzte Kapitel sollten Sie nur dann lesen, wenn Sie sich fest dazu entschlossen haben, keinen Gedanken weiterzuverfolgen, der Ihnen vorgaukelt, dass später ein besserer Zeitpunkt sein wird, sei es, dass Sie noch wichtige Dinge vorher zu erledigen haben, sei es, dass Sie das Gefühl haben, noch mehr verstehen zu müssen oder Sie sich aus irgendeinem anderen Grund nicht bereit fühlen. Sie können auch die Entscheidung treffen, das Buch noch einmal durchzugehen, doch eines ist von größter Wichtigkeit: **das letzte Kapitel nur dann zu lesen, wenn Sie absolut davon überzeugt sind, die bewusste Entscheidung zweifelsfrei treffen zu können niemals wieder Nikotin zu sich zu nehmen!**

21. <u>Leuchttürme</u>

Wir haben acht Leuchttürme gesetzt, die Ihnen genau zeigen, welche Richtung Sie anpeilen müssen, wenn ein ungutes Gefühl oder ein Gedanke des Zweifels aufkommt. Nehmen Sie in solchen Momenten diese Leuchttürme zur Hand, die immer die Frage beantworten: *„Was mache ich jetzt?"* **Bedenken Sie bitte, dass jede gedankliche Projektion in die Vergangenheit oder in die Zukunft immer Probleme erzeugt, die unlösbar sind.** Fragen wie *„Was mache ich, wenn am Samstag meine Freundin zu mir kommt?"* oder *„Das letzte Mal hat es nicht geklappt, weil die Kinder so nervig waren. Was soll ich nur machen, wenn das wieder der Fall ist?"* erzeugen nur Nervosität. Konzentrieren Sie sich stattdessen immer auf den **jetzigen** Moment. Stellen Sie immer die wichtige Frage: *„Wie fühle ich mich JETZT?"* Dann werden die Leuchttürme Sie nach Hause führen, in die Freiheit.

Der erste, wichtigste und größte Leuchtturm, der, den man immer sehen kann, egal wie neblig es auch ist, steht dort, wo Sie vor vielen Jahren Ihre Heimat verlassen haben und Ihre Reise als Raucher begann. Daher werden wir ihn erst zum Schluss beschreiben.

LEUCHTTURM II:

Nehmen Sie Nikotin in keiner Form zu sich!

Nikotin ist eine Art Köder, der ein falsches Hungergefühl vorgaukelt. Damit beginnt die Krankheit Nikotinsucht. Es gibt nur einen Weg die Heilung vollständig zu erfahren: diese Substanz nicht mehr zu sich zu nehmen, und das in keiner Form. Mit der Entscheidung Ihre letzte Zigarette auszudrücken, entscheiden Sie sich in Wahrheit dazu, nie mehr Sklave des Nikotins zu sein. Jede Form der Nikotinaufnahme ist eine Variation der Krankheit Nikotinsucht.

Sollten Sie hin und wieder Joints rauchen, dann müssen Sie dafür sorgen, dass Sie das von nun an ohne Nikotin machen. Machen Sie einen großen Bogen um nikotinhaltige Produkte, wie E-Zigaretten, Schnupftabak oder Wasserpfeife.

LEUCHTTURM III:

Seien Sie sich des Nikotins bewusst!

Immer wenn Ihr Körper Nikotin abbaut, entsteht ein falsches Hungersignal in Ihrem Gehirn. Dieses Gefühl ist körperlich äußerst schwach. Kein Raucher, der acht Stunden geschlafen hat, ist sich überhaupt bewusst darüber, dass er dieses Gefühl hat. Man muss jedoch folgendes beachten: Babys reagieren auf das Hungergefühl mit Weinen. Menschen, die unter Hunger leiden, sind darüber sehr unglücklich. Hunger hat die Fähigkeit unsere Gefühle zu manipulieren. Auch wenn es ein vorgetäuschter Hunger ist, wie die Farbmarkierung im Kuckucksschnabel, der Instinkt reagiert darauf. Das heißt, dass es unter Umständen sein kann, dass Sie in den nächsten max. vier Tagen – solange braucht Ihr Körper, bis er das Nikotin abgebaut hat – ein plötzlich auftretendes Gefühl des Unruhig- oder Unglücklichseins spüren könnten. Dieses Gefühl wird in Widerspruch stehen zu unserer Behauptung Sie könnten Freude empfinden, wann immer Ihnen das Rauchen bewusst wird. Der Schlüssel ist, dieses Gefühl zuzulassen aber sich nicht damit zu identifizieren. Sie wissen: Es gibt in Wahrheit nicht den geringsten Grund traurig darüber zu sein, dass man nicht mehr raucht!

<u>LEUCHTTURM IV:</u>

Versuchen Sie nicht, sich vom Gedanken ans Rauchen abzulenken! Wählen Sie bewusst Ihre Einstellung!

Es gibt ein interessantes Experiment, das Sie an dieser Stelle machen können. Beobachten Sie ganz bewusst Ihre Gedanken und stellen Sie sich folgende Frage: *„Welcher Gedanke kommt jetzt als nächstes?"* Wenn Sie konzentriert auf den nächsten Gedanken warten, wird es relativ lange dauern, bis einer kommt. Erst wenn man sich auf etwas anderes konzentriert, nimmt der Gedankenstrom wieder zu. Bei den Gedanken um das Rauchen ist es genauso. Wenn Sie irgendwie beschäftigt sind, kann es sein, dass der Gedanke *„Ich will eine rauchen"* plötzlich auftaucht. Dieses „Ich" muss Sie sofort wachrütteln. **Es ist nicht Ihr Ich!** Hinter diesem „Ich" steckt in Wahrheit das Nikotin. Entziehen Sie diesem Gedankengang also sofort Ihre Identität, indem Sie ganz bewusst das „*Ich*" mit „*Etwas in mir*" austauschen. „***Etwas in mir** will eine rauchen.*" Sie können in diesem „Etwas" durchaus etwas Fremdes und Feindliches sehen, wie z.B. einen Bandwurm oder irgendeine

156

Horrorfigur, vor der Sie als Kind Angst hatten, wie vielleicht Dracula. Auf jeden Fall will dieses „Etwas" Ihre Lebensenergie für eigene Zwecke nutzen und Sie zerstören. Beobachten Sie dabei bewusst, wie der Gedanke automatisch seine Kraft verliert. Das Nikotin hat nur solange Macht über Sie, wie Sie sich mit dieser Bewusstseinsform identifizieren. Sobald Sie also eine Distanz schaffen konnten zwischen Ihnen selbst und diesem Gedanken, wissen Sie, dass Sie Nichtraucher sind. Denn ein Raucher ist in Wahrheit nur eine Person, die sich in diesen manipulierten Gedanken und Gefühlen verloren hat. Wählen Sie anschließend für sich selbst das gleiche Gefühl, dass Sie bei einer Person empfinden würden, die Ihnen nahe steht und die mit dem Rauchen aufgehört hat: Erleichterung, Freude oder einfach nur Stolz.

Hier ist es wichtig zu betonen, dass diese Gefühle nicht unbedingt automatisch entstehen, auch wenn man alles verstanden hat. Wenn Sie jahrelang ein Auto mit Gangschaltung gefahren sind, wissen Sie, dass Sie beim Umsteigen auf ein automatikbetriebenes Auto sich die erste Zeit öfter daran erinnern müssen das linke Bein beim Fahren ruhen zu lassen. Doch es geht nicht automatisch. Jahrzehntelang wurden Sie dahingehend manipuliert, bei dem Gedanken ans Rauchen das Gefühl von Verzicht zu empfinden. Kann sein, dass dieses Gefühl unbewusst auftauchen wird. Das heißt nicht, dass Sie etwas nicht verstanden haben. Es bedeutet lediglich, dass Sie sich daran erinnern müssen, wie herrlich es in Wahrheit ist Nichtraucher zu sein. Und das ist zum Glück einfach, **weil es stimmt!**

Es ist jedoch absolut wichtig, sich nicht von den Gedanken ans Rauchen abzulenken, denn wenn Sie keine bewusste Wahl treffen, wird Ihr Unterbewusstsein es für Sie tun, und das ist nichts anderes als das Gefühl von Verzicht. Zwar kann Ablenkung für einen kurzen Moment tatsächlich Ihre Aufmerksamkeit vom Thema Rauchen abziehen, dafür bietet aber das unbewusst gespeicherte Gefühl von Verzicht einen Nährboden, auf dem der Gedanke in seiner Ausprägung penetranter werden kann.

Jeder in den üblichen Rauchersituationen bewusst gewählte freudige Gedanke ein Nichtraucher zu sein, wird von Ihrem Unterbewusstsein registriert und bewirkt eine Rückkehr zum Normalen.

LEUCHTTURM V:

Warten Sie nicht darauf, Nichtraucher zu werden!

Das Warten ist die zermürbende Begleiterscheinung der Willenskraftmethode. Man kann niemals darauf warten, Nichtraucher zu werden, weil man in Wahrheit kein Raucher ist. Sobald Sie es schaffen, eine Distanz zwischen Ihnen und den manipulierten Gedanken und Gefühlen aufzubauen, sind Sie Nichtraucher. Sie wachen auf! Aber diese Erkenntnis kann immer nur **JETZT** sattfinden! Man kann nicht darauf warten, dass es irgendwann von alleine passiert. Sie haben nie ein Raucher sein wollen, und die schöne Wahrheit ist: sobald Sie die bewusste Entscheidung getroffen haben, nie wieder Nikotin in Ihren Körper zu lassen, kann keine Macht der Welt irgendetwas gegen Ihre Freiheit unternehmen.

LEUCHTTURM VI:

Es gibt keine Gelegenheitszigaretten!

Die Vorstellung eines Rauchers, manche Zigaretten seien besser gewesen als andere, verleitet immer wieder zum Rückfall. Wir haben an mehreren Stellen des Buches beschrieben, wie dieser Trugschluss entsteht. In Wahrheit sind alle Zigaretten so schlecht, wie die erste Zigarette Ihres Lebens es war. Wir hatten das Beispiel mit dem Grillabend und Freunden erwähnt, wo Sie sich einen

Moment Ruhe gönnen und „genüsslich" eine Zigarette rauchen. Dieses Bild gleichen wir nun mit der Realität ab: Wenn Sie Freunde eingeladen haben und der Tag aus lauter Vorbereitungen bestanden hat, die wievielte Zigarette des Tages wäre es denn um halb fünf gewesen? Ganz sicher nicht die erste. Sie hätten morgens geraucht, nach dem Einkaufen, nach dem Mittagessen, zum Kaffee, beim Telefonieren…usw. Bei vielen ist es vielleicht die 12.te. Und was für ein Gefühl ist es, die 12.te Zigarette des Tages zu rauchen? Kein Besonderes! Und denken Sie bitte auch an die Unmengen an Zigaretten, die Sie nach dieser an diesem Abend noch rauchen werden. Würde auch nur bei einer einzigen Zigarette der Gedanke auftauchen: *„Hab ich ein Glück, dass ich Raucher bin?"* Wann immer Sie in eine Situation kommen, von der Sie früher geglaubt haben, Sie würden das Rauchen vermissen, erinnern Sie sich genau in diesem Moment daran: **Es ist wirklich wunderbar, dass ich nicht mehr diesen schrecklichen Rauch einatmen muss!**

<u>LEUCHTTURM VII:</u>

Raucher nicht beneiden, sondern beobachten!

Es gibt nicht den geringsten Grund, irgendwelche Anlässe zu meiden, auf denen sich Raucher tummeln. Doch während Sie in der Gesellschaft anderer Raucher sind, ist es sehr nützlich diese genau zu beobachten. Raucher sehen nur dann glücklich aus, wenn sie sich des Rauchens nicht bewusst sind. Sie können Witze erzählen, tanzen und dabei rauchen. Bei vielen Exrauchern entsteht dadurch ein Neidgefühl. Schauen Sie genau hin was passiert, wenn das Thema Rauchen angesprochen, also bewusst gemacht wird, während diese scheinbar glücklichen Raucher und Gelegenheitsraucher rauchen. Beobachten Sie den Gesichtsausdruck, das vorher vorhandene Strahlen wird in sich zusammensinken. Wir empfehlen Ihnen nicht, dies ständig bewusst zu provozieren, Sie würden sich dadurch äußerst unbeliebt machen. Aber wenn Sie sich nicht sicher sind, probieren Sie es ruhig einmal aus. Sie werden in diesem Moment keinen Neid mehr auf diese Raucher empfinden, sondern aufrichtiges Mitgefühl.

LEUCHTTURM VIII:

Kein Ersatz!

Der Glaube irgendein Ersatz könne helfen, uns über den „Verlust" hinwegzutrösten ist völlig falsch. In Wahrheit ist jede Form von Ersatz, egal ob er Kalorien enthält oder nicht, der Weg ins Scheitern. Man will nur dann einen Ersatz, wenn man etwas aufgibt. Selbst wenn Sie dahinter gekommen sind, dass man die Zigaretten selbst gar nicht genießen kann, können Sie immer noch glauben, das Gefühl der Entspannung würde fehlen, wenn Sie nicht mehr rauchen. Doch exakt das gleiche Gefühl der Entspannung haben wir, wenn wir zu enge Schuhe ausziehen, die wir eine Weile getragen haben. Doch dieses Gefühl fehlt uns nicht, weil wir wissen, dass es nur das Gefühl ist, das uns signalisiert, dass wir wieder auf dem Weg zu unserem Normalzustand sind: ein Mensch zu sein, der keine zu engen Schuhe trägt. Und beim Rauchen haben Sie nur das Gefühl erleben dürfen, dass Sie permanent hatten, bevor Sie mit dem Rauchen angefangen haben, und das Sie wieder permanent haben werden, wenn Sie mit dem Rauchen aufhören. Das Rauchen hat Ihnen in Wahrheit nichts anderes zukommen lassen, als Gefühle der Niedergeschlagenheit, Unruhe, Leere und der Depression und nicht zu Vergessen: das Gefühl zu ersticken. Dafür brauchen und wollen Sie in Wirklichkeit überhaupt keinen Ersatz.

Die einzige wahre Freiheit besteht im Erkennen, dass man sich nicht mehr ersticken muss. Und allein diese Erkenntnis ist Anlass zu echter Freude, jedes Mal wenn Sie an das Rauchen denken!

Damit Sie nicht zunehmen, ist es hilfreich, folgende Punkte zu beachten:

Da die Entzugserscheinungen vom Nikotin dem natürlichen Hungergefühl so ähnlich sind, kann es passieren, dass sich der falsche Hunger in den nächsten vier Tagen in der Lust auf etwas zu Essen versteckt. Nehmen Sie daher in dieser Zeit „nur" drei Mahlzeiten am Tag zu sich und nichts dazwischen, selbst wenn Sie die Lust auf etwas spüren. Der natürliche Hunger muss nun genügend Zeit bekommen, damit Sie ihn zweifelsfrei erkennen können. Achten Sie darüber hinaus beim Essen auf das Völlegefühl im Magen. Wenn Sie spüren, dass Ihr Magen voll ist, Sie bei sich aber die Lust spüren weiter zu essen, hören Sie mit dem Essen auf! Sie können sicher sein, dass in diesem Moment der falsche Hunger wirkt, der mit der Aufnahme von weiterer Nahrung jedoch kein bisschen verschwinden wird.

Des Weiteren ist es wichtig zu wissen, dass dem Tabak in den heutigen Zigaretten viel Zucker beigemischt wird. Wir sind uns sicher, dass damit der Heißhunger auf Süßes angefacht werden soll, wenn Raucher beschließen sollten aufzuhören und der Zucker durch die Zigaretten dann fehlt. Dies soll wiederum den Mythos nähren, mit dem Rauchen aufzuhören führe zwangsläufig dazu, dass man zunimmt. Versuchen Sie daher, am Anfang des Tages, am besten Ihr Frühstück, aus möglichst viel heimischem Obst zusammenzusetzen. So sorgen Sie für eine gesunde und ausgiebige Kohlenhydratzufuhr und können so geschickt irgendwelche Heißhungerattacken auf Süßes umgehen.

Um den Mythos mit dem Gewicht noch mehr zu nähren, werden ebenfalls Chemikalien den Zigaretten beigemischt, die ein Einlagern von Wasser im Körper verhindern. Fehlen diese Substanzen, lagert der Körper plötzlich außergewöhnlich viel Wasser ein, die Folge: man fühlt sich dick und hat evtl. Verstopfung, da das Wasser auch in der Verdauung fehlt. Um diese Falle zu umgehen, sorgen Sie einfach für ein Überangebot an Wasser, d.h. trinken Sie die nächsten Tage bewusst mehr Wasser wie gewöhnlich. Dies fördert darüber hinaus die Entgiftung.

Kommen wir nun zu dem wichtigsten Leuchtturm:

LEUCHTTURM I:

Lassen Sie keine Zweifel an Ihrer Entscheidung zu!

Was sind Zweifel? Und woran können Sie erkennen, dass Ihre letzte Zigarette wirklich auf einer Entscheidung beruht und nicht auf der Absicht, es „wieder einmal" zu versuchen? Nur die Entscheidung wird funktionieren, der Versuch hingegen scheitert. Müssen Sie sich etwa immer wieder einreden, eine Entscheidung getroffen zu haben, damit „es" funktioniert?

Doch was genau sind Zweifel? Tiere setzen sich nicht hin und denken über ihre Entscheidungen nach. Sie handeln instinktgesteuert. Nur Menschen haben die Fähigkeit über Ihre Entscheidungen nachzudenken. Zweifel finden daher genau dort statt, wo wir unsere Gedanken produzieren, in unserem Bewusstsein. Und das ist genau der Ort, wo Sie gerade dieses Buch lesen.

Wir definieren Zweifel so: ein negatives Gefühl bekommt die Macht Ihre Gedanken zu formen. Dabei ist es unerheblich, was die Ursache dieses Gefühls nun ist, eine unangenehme Erinnerung, eine deplatzierte Bemerkung Ihres Partners, überschüssige Pfunde oder das falsche Hungergefühl durch den Nikotinabbau. In Bezug auf das Rauchen brauchen Sie sich nur einen einzigen Gedanken zu merken, der auch zufällig die Wahrheit über Sie ausdrückt.

Zweifeln bedeutet, dass dieser Gedanke im Nebel von Sorgen immer undeutlicher wird. Doch Gott sei Dank können Sie das beeinflussen. Entscheidung bedeutet, Sie werden keinen anderen Gedanken in Bezug auf das Rauchen mehr zulassen als diesen einen, den man sich auch wunderbar leicht merken kann:

Ich bin Nichtraucher!

Wann immer das Rauchen Sie beschäftigt, Sie brauchen nichts weiter tun, als keinem anderen Gedanken zu erlauben in Ihrem Bewusstsein Fuß zu fassen. Seien Sie präsent und richten Sie Ihre Aufmerksamkeit auf Ihre Gefühle. Wenn Sie das Wort „Wunderbar" oder „Hurra" hinzudenken, lenkt es Ihre Gefühle automatisch in eine positive Richtung. So bringen Sie diesen Prozess zu 100% unter Ihrer Kontrolle!

Noch einmal anders gesagt:
Nehmen Sie die jetzt noch aufkommenden Gedanken und Gefühle in Bezug auf das Rauchen ganz bewusst wahr und freuen Sie sich einfach darüber diesen Spuk endlich durchschaut zu haben! Bezeichnen Sie sich getrost in solchen Momenten als Nichtraucher, denn mit dieser Erinnerung kehren Sie heim!

Ihre klare Geisteshaltung bewirkt die Rückkehr zu Ihrem natürlichen Zustand und wird situationsbezogen von Ihrem Unterbewusstsein registriert.

Dieser Prozess ist herrlich und der Grund dafür, warum wir sagen: *das schönste am Rauchen war das Aufhören selbst!* Sie werden es erleben - in wenigen Wochen wird es kaum noch eine Situation geben, in der Sie an eine Zigarette denken. Im Gegenteil, Sie werden diese ehemaligen Rauchersituationen aus der Distanz eines Nichtrauchers betrachten - mit einer reinen Freude über Ihre zurückgewonnen Freiheit.

Merken Sie sich für den Rest Ihres Lebens:

Es ist fantastisch Nichtraucher zu sein! Daran gibt es keinen Zweifel!

Dann möchten wir Sie an dieser Stelle bitten, die Entscheidung zu treffen, Nikotin ein letztes Mal zu sich zu nehmen. Falls es eine Zigarette ist, rauchen Sie sie ganz bewusst. Spüren Sie den Rauch in Ihrem Mund und in Ihrer Lunge und beobachten Sie jeden einzelnen Aspekt. Lassen Sie jedes Gefühl zu.

Drücken Sie die Zigarette dann aus mit dem Wissen, eine tödliche Krankheit in diesem Moment zu heilen. Auch wenn Sie das Gefühl haben allein zu sein, machen Sie sich bewusst: Viele Menschen drücken Ihnen in diesem Moment die Daumen. Wir sind ganz sicher dabei!

Ihre

Clara Brundyn und Elfi Blume!

Ein persönliches Schlusswort

Liebe Leserin, lieber Leser,

obwohl wir uns mit größter Leidenschaft und Sorgfalt diesem Buch gewidmet haben, kann es sein, dass Sie noch Fragen haben, die wir Ihnen nicht beantworten konnten.

Wir möchten Sie daher einladen mit uns Kontakt aufzunehmen. Schreiben Sie uns eine Email oder rufen Sie an, wir sind für Sie da und haben ein offenes Ohr!

Ein Feedback zum Buch freut uns ganz besonders.

An dieser Stelle möchten wir uns auch ganz herzlich bei allen Teilnehmern bedanken, die bisher unsere Kurse besucht haben. Ohne Ihre konstruktiven Anmerkungen, Fragen und Meinungen wäre es uns nicht möglich gewesen, diesen „einfachen Weg zum Nichtraucher" stetig weiterzuentwickeln.

Auch freuen wir uns ganz besonders über das allseitige Engagement und Vertrauen derer, die unsere Nichtraucherseminare seit vielen Jahren für Raucher organisieren und umsetzen. Für diese Zusammenarbeit sind wir äußerst dankbar.

Wir beide hoffen, Sie konnten Ihre lange Reise als Raucher endlich beenden und wünschen Ihnen ein unbeschwertes und glückliches Leben als der Nichtraucher, der Sie wirklich sind.

Herzlichst,

Clara Brundyn und Elfi Blume

Kontaktaufnahme unter:

Elfi Blume Seminare GmbH, Sodentalstr. 47a, 63834 Sulzbach am Main

T: 06028 – 3078845   F: 06028 – 3078877

info@elfi-blume-seminare.com   www.about-smoking.tv

Ansprechpartner:

Elfi Blume – *Seminare/Online-Live-Seminare/Kundenkontakt*

T: +49 171 4919678   blume@elfi-blume-seminare.com

Clara Brundyn – *Seminare/Online-Live-Seminare/Konzeptentwicklung*

T: +49 157 30902586   brundyn@elfi-blume-seminare.com

Volker Brenkmann – *Vertrieb/Projektumsetzung*

T: +49 152 28951291   brenkmann@elfi-blume-seminare.com

Axel Matheja – *Seminare/Vertrieb/Projektumsetzung*

T: +49 163 2786379   matheja@elfi-blume-seminare.com